花斑木

科学与艺术

邱坚　何海珊　甘昌涛　著

化学工业出版社

·北京·

内 容 简 介

花斑木是指通过真菌作用，在表面形成花纹或花斑的木材。花斑木色彩鲜艳，纹样别致；不使用任何染料，对人体无毒，对环境友好，具有良好的发展前景。本书结合作者团队十余年的科研成果，分析了 20 余种菌种使木材形成花斑的过程与效果，并给出了形成花斑木的优选方案，对于木制品高附加值利用提供了一种参考方案。

本书适宜从事木制品生产以及木材表面处理的技术人员参考。

图书在版编目(CIP)数据

花斑木科学与艺术/邱坚，何海珊，甘昌涛著. —
北京：化学工业出版社，2023.11
ISBN 978-7-122-44112-6

Ⅰ.①花…　Ⅱ.①邱…②何…③甘…　Ⅲ.①木制
品-加工工艺　Ⅳ.①TS65

中国国家版本馆 CIP 数据核字（2023）第 167357 号

责任编辑：邢　涛　　　　　　　　　　文字编辑：王　硕
责任校对：李露洁　　　　　　　　　　装帧设计：韩　飞

出版发行：化学工业出版社（北京市东城区青年湖南街 13 号　邮政编码 100011）
印　　装：涿州市般润文化传播有限公司
710mm×1000mm　1/16　印张 8¾　字数 115 千字
2023 年 11 月北京第 1 版第 1 次印刷

购书咨询：010-64518888　　　　　　　　售后服务：010-64518899
网　　址：http://www.cip.com.cn
凡购买本书，如有缺损质量问题，本社销售中心负责调换。

定　　价：98.00 元　　　　　　　　　　版权所有　违者必究

　　木材发生白腐、染色、霉变等情况在传统观念中属于木材的缺陷，会降低木材的等级和价格，但现在某些变色木材却有了更高的价值，花斑木就是其中的一种。有位媒体人描述它：菌作媒，木生花。

　　花斑木一词由英文"spalting"翻译而来。"spalting"是一个美国俚语，指真菌使木材发生变色的各种形式，如白腐、菌纹、染色（如蓝变）、霉变、褐腐等。早在15世纪，还没有合成染料出现时，欧美的工匠就利用自然形成的花斑木作为装饰材料制作镶嵌画、家具等，其中主要形式是蓝变和菌纹，至今为止仍有大量实物存世，且仍然色彩鲜艳。

　　19世纪中后期，合成染料工业发展迅速，合成染料替代天然染料成为主流，而随着合成染料在各行各业的大量应用，其对人体的毒性、对环境的污染、对资源的消耗等问题也逐渐凸显，寻求替代合成染料的环境友好型天然染料的研究趋势渐显，尤其是在纺织品行业中的应用成果显著。在这一背景下，历经数百年仍未褪色的花斑木装饰画、家具又引起了欧美木材从业者的关注，21世纪以来，逐步开展了花斑木的实验室研究并出现相关报道。

　　鉴于此，在2010年前后，我们开始关注国外花斑木的研究与报道，并逐步开始进行研究，到目前已经分离鉴定了20余种可以接种到木材上形成花斑的菌种，调查了易形成花斑的材种，优选了形成花斑的木材含水率条件及可以促进花斑形成的硫酸铜浓度，发现菌种组合形成花斑的效果更好，所筛选的部分菌种对花斑木材性的影响很小。另外筛选了 5 种形成色素的菌种，其中 2 种色彩产量较大且提取效果好。在真菌型花斑木的概念上，又提出了心材型花斑木的科学假设，并开始进行心材型花斑木的研究。

本书介绍了本研究团队近十年的研究成果，同时介绍了花斑木的历史与发展、国内外研究情况，以促进花斑木的实践应用，供木材加工行业从业者、木材科学研究人员参考，为生态型的木制品生产方式、木材染色技术拓展研究提供借鉴。

本书的出版是在"国家自然科学基金"的支持下完成的，特此鸣谢！由衷感谢郭梦麟先生的无私指导，感谢秦磊、甘昌涛、李有贵等人在研究工作中的付出。

由于编者水平所限，本书不足之处，恳请读者给予批评指正！

邱坚

2023 年 10 月

目
录

·contents·

第1章

花斑木概述

1.1 花斑木概念

"花斑"是由郭梦麟先生从英文"spalting"翻译而来，最先出自郭先生的著作《木材腐朽与维护》，指的是真菌导致的木材变色的所有形式，变色后的木材称为"spalted wood"（美国俗语），即"花斑木"。

在欧美国家利用花斑木制作手工艺品的历史可以追溯到 15 世纪。美国俄勒冈州立大学的 Sara C. Robinson 等 2016 年出版的 *Spalted wood—the history，science，and art of a unique material*[1]一书以大量欧美地区 15 世纪至 21 世纪的实物照片展示了花斑木的利用，包括箱子、柜子、唱诗班席位（choir stall）、博物馆壁画、门、讲坛外装饰、木质浮雕、桌子、钢笔、灯具、碗、储物罐等。

Robinson 提出的花斑木概念中，花斑木的类型包括白腐（white rot）、色变（stains）、菌纹（zone lines，原译作"菌纹线""带线花纹"等，经考量目前认为称作"菌纹"更适宜）、褐腐（brown rot）木 4 种。

这 4 种类型在砍伐后的木材上，在生长环境恶劣的活立木上可自然发生，在同一木材上可以同时发生上述一种或多种类型。这 4 种类型中，被认为具有使用价值的是白腐、色变、菌纹三种，而褐腐是由褐腐菌引起的，褐腐菌可严重降解木材中的纤维素，引起强度严重损失，因此被认为不具有使用价值。实际上，褐腐使木材变为褐色，是因为褐腐菌分解了部分纤维素以后，露出木质素，使木材显现为褐色，并非因真菌产生了新的次生代谢产物而变色；类似的，白腐是因为白腐菌分解了部分木质素，露出颜色较浅的纤维素，使木材显现为浅色，也并非因真菌产生了新的次生代谢产物而变色。而菌纹和色变则是由于真菌分泌的物质显现的颜色。菌纹真菌侵染木材边材后只是轻微降解木材，对木材材性影响小，在木材中形成黑色、红色、棕色的无固定走向的弯曲花纹，由于花纹走向不定，因此显得自然天成、独一无二。Robinson 对菌纹木现代培育做了大量研究，其中规模化应用的研究包括了树种的优选、菌种组合、染色方法、灭菌条件等方面。

花斑木的优点体现在：以真菌在木材上形成独一无二、生动多变的天然色彩与花纹，在提高木材装饰性的同时避免了使用污染环境的化工染料；菌纹中的黑色及黑褐色线条主要由黑色素构成，化学性质稳定。李坚院士建议也可称之为木材生物彩绘或木材真菌彩绘。

花斑木具有生动多变的天然色彩与自然花纹，是家具表面装饰和室内装修中的优良材料。可将其制成高附加值的装饰工艺品和贴面用单板。某些产品在欧美流行，近年来在国内也得到人们的喜爱，如图 1-1 所示。

图 1-1　中国花斑木工艺品和家具

2020 年，笔者提出心材型花斑木的概念。研究发现，在一些树种的部分心材部位出现了类似菌纹形态的色彩和花纹，经过显微镜观察，并未发现真菌的痕迹，且一般情况下真菌是难以侵染木材的，更无法在木材内部形成大面积的菌纹。因此，在进行初步研究后认为，这类花斑木并非真菌所为，而可能是细菌所为，并以此为科学假设开始了心材型花斑木的研究。由于关于心材型花斑木的研究尚少，在本书中，以真菌形成的花斑木为主要介绍对象。

1.2 花斑木类型

白腐木。白腐（white rot）：白腐菌引起的木材色变。白腐后木材看起来呈斑驳的白色口袋状或片状、带状的漂白。这种现象的出现与白腐菌对木材成分的降解有关。典型白腐菌降解木质素的速度较降解纤维素的速度快，如白囊耙齿菌（*Irpex lacteus*）、黄伞菌（*Pholiota adiposa*）和木蹄层孔菌（*Fomes fomentarius*），得到木材颜色变白的效果，有些真菌形成白腐的同时伴随少量菌纹的产生。林木病理学中关于木材腐朽，如根部病害的根朽病和根白腐病的描述中，常常有对腐朽过程中黑褐色线条的描述。根朽病是由蜜环菌（*Armillaria mellea*）引起的根部传染性病害，病株根部的边材与心材发生腐朽，边缘有黑色线纹；根白腐病由多年拟层孔菌（*Fomitopsis annosa*）引起，普遍分布于北温带地区，大树受害后由根部向干基腐朽，腐朽区域夹有黑色线纹。立木和木材腐朽常见的有阔叶树心材白腐，主要侵染对象是山杨、桦木、槭、柳、栎、核桃楸等，发生于心材，受病菌侵染后初变褐色，渐退为白色，周围呈黑色线纹，为典型的海绵状腐朽，病原为火木层孔菌（*Phellinus igniarius*）。发生白腐的木材，强度和密度都降低了（图1-2）。

色变木。色变（stains）：变色菌和霉菌引起的木材变色。它的特征是大面积连续变色，常见的为青、褐、黄、绿、红、灰、黑等色，包括霉菌和变色菌引起的变色。蓝变是最常见的木材变色现象（图1-3），形成蓝变的真菌种类较多，包括长喙壳菌属（*Ophiostoma*）、松球壳孢菌（*Sphaeropsis*）、青凤蝶属

图 1-2 白腐的边缘处形成黑色菌纹

（*Graphium*）、晦涩小粘束霉属（*Leptographium*）。蓝变菌基本上生活在射线细胞中和管胞或导管中，很少破坏细胞壁，但可钻入细胞中，使整块木材贯穿性地大面积变色，色彩因树种与菌种而异。霉菌在木材表面上腐生，仅使材面着色，不能深入木材内部使木材内部着色。这类真菌种类繁多，包括链格孢菌（*Alternaria*）、青霉菌（*Penicillium*）、曲霉菌（*Aspergillus*）、木霉菌（*Trichoderma*）、镰刀菌（*Fusarium*）、葡萄孢菌（*Botrytis*）、色串孢菌（*Tolula*）等。

图 1-3 白木香木材上的蓝变

　　菌纹木。菌纹（zone lines）：一些菌纹真菌引起的木材着色。菌纹的特征是黑色的、红色、棕色的、弯曲的、细小的或粗大的线或条纹，是花斑类型中较具观赏性的一种，形成菌纹的真菌一般是子囊菌和担子菌。一些菌纹真菌在木材上形成菌纹时，木材几乎没有腐朽迹象（图 1-4），此时对木材进行干燥，可满足加工的需求。但菌纹真菌若长时间在木材上生长繁殖，最终会导致木材出现白腐现象，一些典型的白腐菌也可以形成菌纹，但容易伴随严重腐朽。在有关真菌侵染木材的研究中，白腐、褐腐、色变三种类型往往也是林木病理、木材腐朽、木材变色研究领域的对象，但关于菌纹的研究较少。

图 1-4　大果紫檀树枝上形成的菌纹

　　褐腐木。褐腐（brown rot）：由褐腐菌引起的木材变色。木材褐腐后，几乎没有任何花纹与图案，整块木材变成深褐色，木材几乎没有强度，且褐腐速度快，短期内强度和质量都出现明显下降。

　　图 1-5 为几种花斑木工艺品，图 1-5（a）和（b）分别是西南林业大学材料工程学院的老师利用花斑木制作的菌纹木 U 盘及菌纹木的耳环，均获得了外观设计专利授权。

　　花斑木的原材料与工艺品在国外网站上有不少销售信息。用具有天然、奇

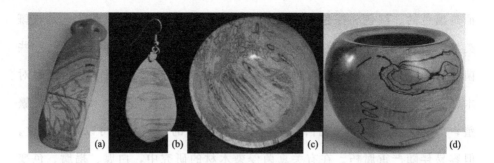

图 1-5　花斑木工艺品

（a）U盘；（b）耳环；（c）花斑木盘子；（d）花斑木储存罐

特花纹的木材如瘿木、鸟眼木等制成的工艺品价值较正常材高，而花斑木的工艺制品价位更高。

1.3　国内外研究概况

在北美洲，花斑木从 15 世纪开始便已成为一种流行的工艺材料，利用真菌形成的具有美丽花斑纹的木材作为装饰材料可制成高价装饰品。对花斑木的研究可追溯至 1933 年对菌纹特征的研究，随后是对花斑木的应用与培育研究，尤其以美国俄勒冈州立大学的 Robinson 教授为代表，他的研究内容包括了菌种的筛选、培育环境条件探索（树种、水分条件、杀菌剂刺激、规模化培育的消毒条件）、力学性质变化（质量损失、切削性能等）、菌纹化学成分分析等。现在国外花斑木研究重点转向花斑真菌色素提取与木材染色方面，原因是色素提取与木材染色比用真菌侵染木材更容易控制最后的效果，而菌纹的形成过程受到的影响因素太多，不容易获得理想的菌纹[2]。

国内针对花斑木的研究和利用，约起始于 2010 年。本课题组依托国家自然科学基金面上项目和云南省自然科学基金，对花斑木的形成机理进行研究，提出"内生真菌在木本植物死亡后或为抵御不良环境，或为保持自身生长环境的水分，或为形成子实体以繁衍后代，而在木材上形成黑色素"的理论，广泛调查采集了木腐菌资源，筛选菌纹真菌，优选菌纹木培育条件，形成了一批专利，构建了菌纹木制备的整套技术体系。目前已筛选了形成花斑的真菌超过20 种，可在实验室条件下成功培育出花斑木[3-5]。广西大学孙建平教授课题组也在 2018 年开始了真菌色素提取与染色的研究[6]。

1.3.1 国外研究概况

（1）主要菌种

1933 年，Campbell 对阔叶材上多形炭角菌（X. polymorpha）形成的菌纹进行微观形态研究，发现黑色菌纹处比周围的木质更坚硬[7]。20 世纪 80 年代，美国杨百翰大学设立了最早的花斑木研究室，于 1987 年分离确定了几种能形成菌纹的白腐菌[8]，此后几乎未见针对花斑木的研究。

直到 2006 年，Liers、Ullrich 和 Steffen 等为了研究炭团菌属（X. hypoxylon）和 X. polymorpha 两种真菌的酶活性和对木材的降解能力，将两株真菌接种于山毛榉（Fagus）木块上，发现在 8 周后两株真菌均在木材上形成贯穿整个木块的黑色的菌纹[9]。自此，加拿大多伦多大学林学院的 Robinson 等人，致力于花斑木的人工培育的研究。2007 年，该团队将 25 种从木材分离得到的真菌两两组合在琼脂培养基上培养，将产生菌纹的 21 对接种到木块上，其中有 2 对产生了稳定的菌纹和白腐，即烟管菌/变色栓菌（Bjerkandera adusta/Trametes versicolor）和冬生多孔菌/变色栓菌（Polyporus brumalis/Trametes versicolor）。

该团队后续的研究发现，能形成菌纹的主要是担子菌和子囊菌，常见的有10 种形成稳定花斑的真菌：X. polymorpha，Trametes versicolor，Bjerkandera adusta，Polyporus brumalis，丝孢菌（Arthrographis cuboidea），小孢绿盘菌（Chlorociboria aeruginascens），长喙壳属菌（Ceratocystis virescens），粗毛纤孔菌（Inonotus hispidus），邻苯二甲藻（Scytalidium ganodermophthorum）和木质柄藻（Scytalidium lignicola）。X. polymorpha 是花斑木实验研究中

常用的菌纹真菌。*Trametes versicolor* 是典型白腐菌，在我国木材天然耐腐性实验方法标准中作为其中一种试验菌株，与其他菌种组合形成菌纹所致腐朽较轻。丝孢菌可以在木材表里形成红色染色。小孢绿盘菌可以在木材表里形成蓝绿色染色，长喙壳属菌可以在木材表里形成蓝色染色。粗毛纤孔菌、邻苯二甲藻和木质柄藻可以形成黄色染色。

（2）树种

Robinson 等认为菌纹可以在任何木材树种上形成，阔叶材里材色较白、抽提物含量低的树种更容易形成花斑，如槭木（*Acer* spp.）、桦木（*Betula* spp.）和山毛榉（*Fagus* spp.）[10]。Robinson 和 Turnquist 研究了可独立形成菌纹的多形炭角菌（*Xylaria polymorpha*）在美洲山杨（即颤杨，*Populus tremuloides*。市场俗称杨木）、糖槭（*Acer saccharum*）、黄桦（*Betula alleghaniensis*）和美洲椴（*Tilia americana*）上接种，随着培养时间的延长，观察产生花斑的量，发现美洲山杨和糖槭比黄桦和美洲椴产生的菌纹多[11]。

以多种的菌种接种到几种阔叶材上培育花斑木，发现不同菌种对树种的偏向显著不同：产生菌纹的菌种 *X. polymorpha* 倾向于美国榆（*Ulmus americana*），红色染色菌 *Arthrographis cuboidea* 倾向于红叶臭椿（*Ailanthus altissima*），腐朽菌（*Trametes versicolor*）倾向于美国榆（*U. americana*）、糖槭（*A. saccharum*）、欧洲七叶树（*Aesculus hippocastanum*）[12]。

一种绿杯盘菌（*Chlorociboria*）在杨木（*Populus tremuloides*）上的染色效果比在糖槭（*Acer saccharum*）和桦木（*Betula alleghaniensis*）上的染色效果好，而且不在椴木（*Tilia americana*）上染色[13]。

（3）其他所需条件

在木材上生长的真菌，依赖木材基质存活，受木材本身的化学成分、含水率等条件的影响很大。目前所知花斑真菌主要是担子菌和子囊菌，这些类群的真菌所需的生长条件包括营养物质、空气、适宜温度、水等。

真菌侵染木材的初期，首先需要立即可利用的养分如淀粉粒、单糖等小分子的营养物质。定殖木材后，白腐菌及褐腐菌可依靠分解半纤维素、纤维素或木质素维生，若花斑真菌不能分解纤维素、半纤维素或木质素来维生，则需依靠如淀粉粒等贮藏物来维生。

真菌需氧量较少，1.5～10mmHg（即 199.983～1333.22Pa）的氧气压即可存活。花斑真菌在热带和温带的分布较广。各种真菌生长温度存在差异，但大多数真菌生长适宜的范围在 10～40℃，温度范围为25～30℃时生长最快。

木材含水率对真菌生长影响很大：木材含水率过低，真菌生长过程中所需水分不能得到满足；木材含水率太高，则木材中的氧气含量过低，真菌的生长受到抑制。真菌适宜的木材含水率一般为 20％～50％之间。花斑真菌形成花斑不仅与菌种和木材含水率有关，也与树种相关。Robinson 团队用 8 种真菌接种在糖槭和山毛榉上，发现 *T. versicolor* 在糖槭上形成最大花斑量的含水率是 18％～35％，在山毛榉上是 26％～32％。*X. polymorpha* 在糖槭和山毛榉上相关情况基本一致，对应含水率分别为 29％～33％及 29％～32％。形成最大花斑量的含水率：粗毛纤孔菌（*Inonotus hispilus*）和宽鳞多孔菌（*Polyporus squamosus*）分别在糖槭和山毛榉上为 22％～28％和 34％～38％，而在糖槭上是 59％和 60％。牛樟芝共生菌（*Scytalidium cuboideum*）在木材含水率为 35％时可形成更多粉红色[14]。

木材的 pH 一般为 4～6，弱酸性，而大部分在木材里生存的真菌最适宜 pH 也为 4.5～5.5。Robinson 团队将磷酸钾缓冲液加入培育介质蛭石来调节木材 pH，缓冲液 pH 为 4.5 时，*T. versicolor* 在糖槭和山毛榉上形成最多菌纹，而缓冲液 pH 为 5 时 *X. polymorpha* 在山毛榉上形成最多菌纹[15]。

（4）花斑腐朽对木材性质的影响

花斑真菌在木材中生长，需从木材获得营养，首先分解的是小分子的糖、淀粉等成分，对木材材性几无影响，随后分解木材的细胞壁成分，即木材的主要成分——纤维素、木质素、半纤维素，此时将对木材的性质产生较大影响，其中不同类群真菌对木材各成分的分解程度不同，影响也不同。

白腐菌（white rot fungi）可分解纤维素、木质素、半纤维素，使木材呈浅色，出现漂白的现象。白腐菌主要属于担子菌或子囊菌，但子囊菌一般只侵染立木、枯木或枯枝，而担子菌可危害木质建材。根据白腐菌对这三种主要成分的分解情况，将白腐菌分为同时白腐菌和顺次白腐菌，大多数白腐菌是同时白腐菌。同时白腐菌同时分解纤维素、木质素、半纤维素，但是木材中木质素的含量低于全纤维素（纤维素和半纤维素），因此呈现漂白的效果。顺次白腐菌先进行木质素分解，使木材产生白色分离纤维。关于白腐在初期对木材强度的影响，国内研究较少。有研究表明，以白腐菌 *T. versicolor* 处理湿地松后对其最大荷载、抗弯弹性模量、抗弯强度影响比较小，尤其是在处理后 10 周之内[16]。引起山杨心材白腐的火木层孔菌（*Phellinus igniarius*）在野外可先使山杨的心材变褐色，随后再变为白色，且在腐朽区域周围产生黑色线纹（菌纹），最后腐朽区域变软，不碎不裂，形成典型的白色海绵状腐朽，但在实验室条件下，生长速度变慢，分解能力变弱[17]。

霉菌（mold）不分解木材细胞壁主要成分，只利用木材的低分子碳水化合物，只在木材的表面生长，一些霉菌可产生胞外色素，将木材表面染色，因此不会影响木材的力学强度，如镰刀菌属（*Fusarium*）、青霉菌（*Penicillium*）、葡萄状穗霉（*Stachybotrys*）、曲霉（*Aspergillus*）等。霉菌形成的色彩十分丰富，仅镰刀菌属真菌产生的真菌胞外色素就有红、黄、绿、蓝等颜色。因为霉菌只在表面形成颜色，所以在木制品加工过程中往往容易打磨失去。一些霉菌会产生对人体有害的毒素，一定条件下霉菌产生的大量孢子可能会引起呼吸系统疾病。

变色菌（stain fungi）在传统意义上不是腐朽菌，虽然菌丝可延伸入木材内部生长，但不能分解细胞壁主要成分，主要分解薄壁细胞的单糖、淀粉、油脂等，仅可在边材生长。关于变色菌对木材材性影响的说法不一，木材性质的变化和引起蓝变的真菌及木材种类有关；有的变色菌对木材的强度影响不大，而严重的色变会增加木材的渗透性，对木材的冲击韧性有轻微的影响；有的变色菌使木材质量降低、韧性降低、木质部变脆，有时甚至会降解纤维素。

菌纹（zone lines）真菌形成菌纹初期几乎观察不到白腐的现象，质量损失较低，强度变化不大，与典型的白腐菌不同。多种子囊菌和担子菌可以形成菌纹，如 *X. polymorph*、*X. venosula*、拟茎点霉属（*Phomopsis* sp.），对木材的强度影响非常小，而 *T. versicolor* 是典型的白腐菌，形成菌纹的同时也造成白腐，腐朽区域的强度变化较大，而真菌组合的方式可以在其形成菌纹的同时降低其质量损失。Robinson 等对真菌组合 *Polyporus brumalis/Trametes versicolor* 和真菌组合 *Bjerkandera adusta/Trametes versicolor* 培育 10 个星期产生的花斑木的切削性能进行研究指出，其切削性能没有损失[18]。培育介质的不同，影响真菌形成花斑的数量及材性变化，Robinson 团队[19]以 5 种真菌培育糖槭木块花斑木，包括形成菌纹的 *Trametes versicolor* 和 *X. polymorpha*，形成红色染色的 *Arthrographis cuboidea*，形成蓝色染色的 *Ceratocystis pilifera* 和 *Ceratocystis virescens*，结果是以蛭石为培养基产生的花斑数量多，质量损失少，形成的颜色对比度更好。

（5）硫酸铜溶液刺激花斑木形成的方法

Robinson 等研究表明用一定浓度的 $CuSO_4$ 溶液处理木块，能刺激花斑真菌产生更多的着色。在用 2mL 质量分数为 0.13％的 $CuSO_4$ 溶液处理过的糖槭木块上接种 *X. polymorpha* 会产生颜色更深的黑色菌纹和外部染色，在用浓度为 $0.06kg/m^3$ 的 $CuSO_4$ 溶液处理过的糖槭木块上接种真菌组合 *X. polymorpha/Arthrographis cuboidea* 产生的黑色菌纹减少，而红色菌纹和内部红色染色增加。且在以土壤为介质培育花斑木时，在板材表面涂抹 $CuSO_4$ 溶液后，原本杂土壤介质中不形成花斑的 *X. polymorpha* 形成了大量花斑，且黑色染色分布在 $CuSO_4$ 溶液渗透的边缘，而 $CuSO_4$ 溶液涂抹的区域未形成着色[20]。

另外，Robinson 等[21] 提供了一个使用软件 Scion Image 分析花斑形成数量的方法：通过图像处理将花斑区域突出，统计花斑所占的像素和木块表面总像素，计算花斑占整个木块的面积的百分比。这是一个快速、客观地统计花斑面积的方法，虽然并不是花斑占木块表面积的百分比越大，花斑越美观，但是仍具有参考价值。

1.3.2　国内研究概况

我国对自然中产生花斑木的现象也有记载：木材真菌性变色作为需要防治的现象被记载，包括霉色、木腐菌引起的变色、变色菌引起的变色。木材真菌性变色从本质上与国外花斑木的概念是一致的，但花斑木的概念强调真菌使木材美观，而国内相关研究则将几乎任何木材真菌性变色视为木材缺陷，且提出多种防治的方法。

国内针对木材腐朽的研究也为研究花斑木菌纹的形成提供了参考资料。如木材腐朽真菌类群及其引起病害，木材初期腐朽检测，木材腐朽过程中的化学、物理变化，木材腐朽菌在腐朽过程中的酶等研究。多数研究认为黑色菌纹出现于腐朽的初期，可从菌纹的出现判断木材腐朽，具有黑色条纹的菌纹出现说明真菌已侵染木材，已经出现腐朽。病理学家周仲铭从腐朽木材的合理利用的角度也提出了"处于腐朽初期的木材，经防腐处理后仍可作一般的经济用材（如门、窗、家具等），有的腐朽材有很美丽的花纹，可利用做工艺品、玩具等"。[22]

本书研究团队已经筛选了一些形成花斑木的真菌，包括炭角菌属（*Xylaria* spp.）（4种）、蔡氏轮层炭角菌（*Daldinia childiae* J. D. Rogers & Y.-M. Ju）、扩散炭角菌 [*Nemania diffusa* (Sowerby) Gray]、拟茎点霉（*Phomopsis* sp.）、粘束胞霉（*Graphium* sp.）、可可花瘿病菌（*Nectria rigidiuscula* Berk. et Broome）等，发现部分形成菌纹的菌株在毛白杨（*Populus tomentosa* Carr.）上形成的数量比在西南桦木（*Betula alnoides* Buch.-Ham. *ex* D. Don）、尼泊尔桤木（*Alnus nepalensis* D. Don)、轻木 [*Ochroma pyramidale*（Cav. *ex* Lam.）Urb.] 上多；也探索了相应菌种形成菌纹的木材含水率、硫酸铜浓度等培育条件，以及部分菌种对木材的物理、力学性质的影响，详见第 3 章、第 4 章[23-36]。

菌纹在木材上的基本形态是不规则圈状，流畅的不规则线条似笔画一般构成复杂多变的图案，极富装饰美感，是花斑中装饰价值较高的类型。人工培育和自然形成的菌纹外观特点没有明显的差异，而且菌纹类型的材性损失较白腐更轻微，因此把菌纹作为人工培育花斑木的重点，并首先对易形成菌纹的树种进行调查，并在野外调查中采集标本带回实验室，用于筛选菌株。

关于花斑木中的菌纹的形成机理，有多种观点。在花斑木研究初期，被大部分研究者接受的观点是 Rayner 和 Todd 提出的，即认为菌纹是由于两种不同的真菌在木材上相遇时，相互抵抗或不兼容而产生的。Mallet 和 Hiratsuka[32]研究表明，黑色菌纹是由不同真菌相互作用生成的黑色菌丝组成的。Cease 等[33]指出，菌纹的形成源自真菌在寄居的木材上为了保护和维持自己资源的防卫机制，菌纹也被认为是真菌控制木材条件以持续利用木材寄居区域资源的办法。真菌抵抗机制能解释不同真菌间菌纹的形成，但是解释不了为什么多形炭角菌（*X. polymorpha*）没有其他真菌的对抗也能形成带菌纹。

国外多数研究认为菌纹的形成是由于菌种间的对抗或单株真菌菌丝体细胞不亲和性，但未能证明。在我们的实验中，菌纹时常形成于蛭石与木块及木块与培养瓶接触面的边缘，说明菌株可能在遇到阻碍时易形成菌纹。在病理学方面，Henson 的研究指出植物病原真菌 [禾顶囊壳菌（*Gaeumannomyces graminis*），无性态为瓶霉属（*Phialophora*）] 形成黑色素是为了保护组织对抗不良环境压力，甚至不直接与致病性相关。随着花斑木相关研究的进展，发现真菌形成色素可能与不良的生长环境条件有关。

第2章

易形成菌纹的树种

菌纹真菌大多是子囊菌和担子菌，可以侵染大部分树种的边材，不能侵染心材；部分树种的边材也具有抗菌性，菌纹真菌难以侵染和形成菌纹。一般情况下，易被真菌腐朽的材种也较容易形成菌纹。

一般来说，针叶材耐腐性比阔叶材更好，易形成菌纹的树种较少。这与针叶材中木质素含有较高含量的酚羟基有关，自由酚羟基对真菌具有毒性。但如松科乔松等的针叶材边材上却形成大量菌纹，可能是由于某些针叶材种类对某些类群真菌毒性较弱。另外，针叶材的木射线一般较阔叶材少，而木射线中的淀粉等是真菌定殖初期的重要养分，因此阔叶材易形成菌纹的树种多。

阔叶材中，形成菌纹较多的树种多属于核桃科❶、槭树科、榛木科、桦木科、梧桐科、樟科、大戟科、蔷薇科、含羞草科、壳斗科、蝶形花科、木兰科、苏木科。这些科的树种大多边材材色较浅，如核桃科核桃（*Juglans re-gia*）、化香树（*Platycarya strobilacea*）、枫杨均为浅黄褐色，槭树科槭木（*Acer mono*）、青榨槭（*Acer davidii*）为黄褐色，桦木科西南桤木（*Alnus nepalensis*）为黄红褐色、西南桦木（*Betula alnoides*）为浅黄褐色。易于形成菌纹的桦木、核桃、槭木等树种也容易白腐。

---

❶ 即胡桃科。本书参考的现行国家标准包括 GB/T 16734—1997《中国主要木材名称》，是 1997 年发布实施的标准，与目前的植物学分类发展有出入，故书中个别物种的科别名称与最新规范名称存在差异，但仍符合上述标准。

　　阔叶材中也有不易形成菌纹的树种。调查发现，龙脑香科、芸香科、无患子科、桃金娘科、肉豆蔻科、木犀科的木材标本几乎没有形成菌纹，在野外调查中几乎不能发现这些科的树种形成菌纹，这些科的树种大多材色较深，边材颜色具灰色调，如无患子科的龙眼（*Euphoria longan*）、荔枝（*Litchi chinensis*）都是灰红褐色，桃金娘科的树种赤桉（*Eucalyptus camaldulensis*）为灰红褐色、柠檬桉（*Eucalyptus citriodora*）为灰黄褐色、白千层（*Melaleuca leucadendra*）为灰褐色，这些树种的木材耐腐性也较好。

　　在国内分布广泛的易形成菌纹的树种，有槭木（*Acer mono*）、山杨（*Populus davidiana*）、西南桤木（*A. nepalensis*）、白兰（*Michelia alba*）、合欢（*Albizia julibrissin*）、黄葛树（*Ficus virens*）等树种。特别是一些经济价值较低的行道树，经花斑真菌处理后具有更多色彩与图案，用于家具装饰贴面、镶嵌画、耳环、花瓶等工艺品中必能够增加其装饰性，提高木材的利用价值。

　　西南林业大学标本库里形成菌纹的标本如图 2-1 所示。野外花斑木标本如图 2-2 所示。以形成菌纹的沉香木材制作的雕像如图 2-3 所示。

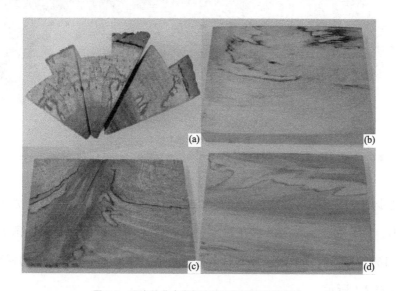

图 2-1　西南林业大学标本库里形成菌纹的标本

（a）乔松（*Pinus griffithii*）；（b）槭树科白牛槭（*Acer mandshuricum*）；

（c）核桃科云南枫杨（*Pterocarya delavayi*）；（d）杨柳科滇杨（*Populus yunnanensis*）

图 2-2　野外花斑木标本
（a）蔷薇科冬樱；（b）蝶形花科大果紫檀；（c）梨木；（d）西南桤木（水冬瓜）；（e）杨木；（f）巴里黄檀

初步调查所得的易形成菌纹树种多达 326 种，但是许多树种并不常见，材积量小。为了便于在人工培育花斑木中选择常见的菌纹树种，根据国家标准 GB/T 16734—1997《中国主要木材名称》列出了常见的易形成菌纹的树种 118 种，如表 2-1 所示。

表 2-1 中，一些树种是边材树种，木材在生长周期中极少形成心材，木材

颜色浅；而一些树种是心材树种，是在一定树龄或环境条件下在树心周围可形成心材，部分心材树种的心材和边材颜色有明显的差异，部分心材树种心材和边材颜色差异不明显。易于形成菌纹的是木材中的边材部分；在心材部分，由于真菌可消化的营养成分少、抽出物含量高，不利于真菌侵染，因此心材中的菌纹极为少见。

图 2-3　以形成菌纹的沉香木材制作的雕像

表 2-1　自然条件下易形成菌纹主要树种

科别	中文名	拉丁名
松科	乔松	*Pinus griffithii* A. B. Jackson
松科	油松	*P. tabulaeformis* Carr.

科别	中文名	拉丁名
松科	黑松	*P. thunbergii* Parl.
松科	云南铁杉	*Tsuga dumosa*（D. Don）Eichler
槭树科	罗浮槭	*Acer fabri* Hance
槭树科	扇叶槭	*A. flabellatum* Rehder
槭树科	白牛槭	*A. mandshuricum* Maxim.
槭树科	槭木	*A. mono* Maxim.
槭树科	三峡槭	*A. wilsonii* Rehd.
漆树科	山枣	*Choerospondias axillaris*（Roxb.）Burtt et Hill
漆树科	杧果	*Mangifera indica* L.
夹竹桃科	糖胶树	*Alstonia scholaris*（L.）R. BR.
冬青科	小果冬青	*Ilex micrococca* Maxim.
桦木科	西南桤木	*Alnus nepalensis* D. Don.
桦木科	硕桦	*Betula costata* Trautv.
桦木科	棘皮桦	*B. dahurica* Pall.
桦木科	香桦	*B. insignis* Franch.
桦木科	光皮桦	*B. luminifera* H. Winkl.
桦木科	白桦	*B. platyphylla* Suk.
紫葳科	千张纸	*Oroxylum indicum*（L.）Vent.
紫葳科	缅木	*Mayodendron igneum*（Kurz.）Kurz.
木棉科	木棉	*Gossampinus malabarica*（DC.）Merr.
橄榄科	橄榄	*Canarium album*（Lour.）Raeusch.
橄榄科	乌榄	*C. pimela* Koenig

续表

科别	中文名	拉丁名
苏木科	翅荚木	*Zenia insignis* Chun
苏木科	酸豆	*Tamarindus indica* L.
木麻黄科	木麻黄	*Casuarina equisetifolia* L. Dx Forst.
榛木科	亮叶鹅耳枥	*Carpinus londoniana* H. Winkl.
榛木科	铁木	*Ostrya japonica* Sarg.
柿树科	柿树	*Diospyros kaki* Champ.
杜英科	粗齿猴欢喜	*Sloanea hemsleyana* (Ito) Rehd. et Wils.
杜仲科	杜仲	*Eucommia ulmoides* Oliv.
大戟科	橡胶树	*Hevea brasiliensis* Muell. -Arg.
大戟科	乌桕	*Sapium sebiferum* (L.) Merr.
大戟科	油桐	*Vernicia fordii* (Hemsl.) Airy-Shaw
大戟科	毛银柴	*Aporusa willosa* (Wall.) Baill.
大戟科	云南银柴	*A. yunanensis* (Pax et Hoffm.) Metcalf
壳斗科	米槠	*Castanopsis carlesii* (Hemsl.) Hay.
壳斗科	银叶锥	*C. argyrophylla* King ex Hook. f.
壳斗科	短刺锥	*C. echidnocarpa* A. DC.
壳斗科	青冈	*Cyclobalanopsis glauca* (Thunb.) Oerst.
壳斗科	黄青冈	*C. delavayi* (Franch.) Schott.
壳斗科	滇青冈	*C. glaucoides* Schott.
壳斗科	饭甑青冈	*C. fleuryi* (Hick. et A. Camus) Chun
壳斗科	丝栗	*C. platyacantha* Rehd. et Wils.
壳斗科	亮叶水青冈	*Fagus lucida* Rehd. et Wils.

科别	中文名	拉丁名
壳斗科	水青冈	*F. longipetiolata* Seem.
壳斗科	茸毛椆	*Lithocarpus dealbatus* Rehd.
壳斗科	包椆	*L. cleistocarpus* Rehd. et Wils.
壳斗科	多穗椆	*L. polystachyus*（A. DC.）Rehd.
壳斗科	密脉椆	*L. fordianus*（Hamsl.）Chun
壳斗科	麻栎	*Quercus acutissima* Carr.
壳斗科	栓皮栎	*Q. variabilis* Bl.
壳斗科	锐齿槲栎	*Q. aliena* var. *acuteserrata* Maxim.
大风子科	刺篱木	*Flacourtia ramontchii* L'Her.
大风子科	伊桐	*Itoa orientalis* Hemsl.
藤黄科	铁力木	*Mesua ferrea* L.
金缕梅科	马蹄荷	*Exbucklandia populnea*（R. Br.）R. W. Brown
金缕梅科	蚊母树	*Distylium racemosum* Sieb. et Zucc.
七叶树科	七叶树	*Aesculus chinensis* Bunge
核桃科	青钱柳	*Cyclocarya paliurus*（Batal.）Iljinsk.
核桃科	野核桃	*Juglans cathayensis* Dode
核桃科	核桃楸	*J. mandshurica* Maxim.
核桃科	核桃	*J. regia* L.
核桃科	化香树	*Platycarya strobilacea* Sieb. et Zucc.
核桃科	云南枫杨	*Pterocarya delavayi* Franch
核桃科	华西枫杨	*P. insignis* Rehd. et Wils.
樟科	香樟	*Cinnamomum camphora*（L.）Presl
樟科	云南樟	*C. glanduliferum*（Wall.）Nees.

续表

科别	中文名	拉丁名
樟科	丛花厚壳桂	*Cryptocarya densiflora* Bl.
樟科	香叶树	*Lindera communis* Hemsl.
樟科	黑壳楠	*L. megaphylla* Hemsl.
樟科	潺胶木姜	*Litsea glutinosa*（Lour.）C. B. Rob.
樟科	柿叶木姜	*L. monopetala*（Roxb.）Pers.
樟科	短序润楠	*Machilus breviflora*（Benth.）Hemsl.
樟科	华润楠	*M. chinensis*（Benth.）Hemsl.
樟科	两广润楠	*M. robusta* W. W. Smith
樟科	白楠	*Phoebe neurantha*（Hemsl.）Gamble
千屈菜科	绒毛紫薇	*Lagerstroemia tomentosa*（Benth.）Hemsl.
千屈菜科	云南紫薇	*L. intermedia* Koehne
木兰科	白兰	*Michelia alba* DC.
木兰科	金叶白兰	*M. foveolata* Merr. ex Dandy
楝科	红椿	*Toona sureni*（Bl.）Merr.
楝科	麻楝	*Chukrasia tabularis* A. Juss.
楝科	川楝	*Melia toosendan* Sieb. et Zucc.
含羞草科	合欢	*Albizia julibrissin* Durazz.
含羞草科	山合欢	*A. kalkora*（Robs.）Prain
含羞草科	毛叶合欢	*A. mollis*（Willd.）Boliver
含羞草科	白格	*A. procera* Benth.
含羞草科	象耳豆	*Enterolobium cyclocarpum*（Jacq.）Griseb.
桑科	黄葛树	*Ficus virens* Ait.

科别	中文名	拉丁名
桑科	菠萝蜜	*Artocarpus heterophyllus* Lam.
紫金牛科	密花树	*Rapanea neriifolia* (Sieb. et Zucc.) Mez.
珙桐科	珙桐	*Davidia involucrata* Baill.
木犀科	白蜡树	*Fraxinus chinensis* Roxb.
蝶形花科	黄檀	*Dalbergia hupeana* Hance
蝶形花科	刺槐	*Robinia pseudoacacia* L.
马尾树科	马尾树	*Rhoiptelea chiliantha* Diels et Hand.-Mazz.
蔷薇科	山丁子	*Malus baccata* (L.) Borkh.
蔷薇科	桃叶石楠	*Photinia prunifolia* (Hook. et Arn.) Lindl.
杨柳科	青杨	*Populus cathayana* Rehd.
杨柳科	山杨	*P. davidiana* Dode
杨柳科	清溪杨	*P. rotundifolia var. duclouxiana* (Dode) Gom.
杨柳科	大青杨	*P. ussuriensis* Kom.
杨柳科	滇白杨	*P. yunnanensis* Dode
天料木科	阔叶天料木	*Homalium laoticum var. glabratum* C. Y. Wu.
山榄科	桃榄	*Pouteria annamensis* (Pierre) Baehni
水冬哥科	锥序水冬哥	*Saurauia napaulensis* DC.
玄参科	泡桐	*Paulownia fortunei* (Seem.) Hemsl.
玄参科	毛泡桐	*P. tomentosa* (Thunb.) Steud.
苦木科	臭椿	*Ailanthus altissima* (Mill.) Swingle
梧桐科	毛叶梭椤	*Reevesia pubescens* Mast.
梧桐科	假苹婆	*Sterculia lanceolata* Cav.

科别	中文名	拉丁名
梧桐科	棉毛苹婆	*S. pexa* Pierre
梧桐科	银叶树	*Heritiera littoralis* Dryand.
水青树科	水青树	*Tetracentron sinense* Oliv.
榆科	春榆	*Ulmus davidiana* var. *japonica* (Rehder) Nakai
榆科	四蕊朴	*Celtis tetrantra* Roxb.
马鞭草科	乔木紫珠	*Callicarpa arbarea* Roxb.
马鞭草科	柚木	*Tectona grandis* L.

第3章

菌纹木的培育

_____

3.1 菌种筛选方法

从野外采集的花斑木标本中分离得到的菌株，是人工培育花斑木的菌株的主要来源。将分离得到的菌株在无菌条件下接种到木材上，经过4～12周的时间，观察菌株在木材上的着色情况。

（1）菌株分离纯化方法

主要仪器：YAMATO SN510C型立式压力蒸汽灭菌器、苏净净化VD650型桌上式洁净工作台、光明DHP-500型电热恒温培养箱。

步骤如下。

① 制作PDA培养基。PDA培养基配方：马铃薯200g、葡萄糖15～20g、琼脂10～20g、过滤水1000mL。马铃薯去皮切成小块，加过滤水煮沸15～20min，用两层纱布过滤，取滤液，加琼脂并加热搅拌使之融化，加过滤水定容至1000mL，加葡萄糖搅拌，分装到三角瓶，用封口膜封扎瓶口，高压湿热120℃灭菌20min。

② 倒平板。超净工作台以紫外灯灭菌20min后，将装PDA的三角瓶及经高压灭菌的培养皿放入，紫外灯再灭菌后倒平板：75%酒精棉消毒手部后，点燃酒精灯，打开三角瓶的封口膜，在火焰的无菌圈内一手打开培养皿，一手将

PDA 倒入皿中，约皿体积的 1/4。

③ 分离纯化。取具花斑的部分，切成 0.5～2cm 长（宽）小块为分离材料。把 75％酒精棉、75％酒精、95％酒精、0.1g/mL 汞、解剖刀等放入超净工作台，紫外灯灭菌。分离材料吹风 10min，于 75％酒精中浸泡 10～15s，于 0.1g/mL 汞中浸泡 3～6min，用灭菌水洗涤 3 次，接于 PDA 平板上。于 26℃±2℃培养箱中黑暗培养 5～10 天后，分离材料长出明显菌丝体时，根据不同形态颜色，重复纯化 2～3 次直到获得较纯的菌株[41]。

④ 保存菌株。将 PDA 注入试管，约试管体积的 1/3，高压灭菌 20min 后斜放。在已灭菌的超净工作台挑取菌丝接入试管斜面，待斜面长满菌丝后置于 4℃冰箱冷藏保存。

（2）菌株接种木材方法

主要材料：西南桤木（即尼泊尔桤木，*Alnus nepalensis*）不规则小块边材、蛭石、培养瓶。

主要仪器：FESTOOL CS70EB 型精准木工台锯、YAMATO SN510C 型立式压力蒸汽灭菌器、苏净净化 VD650 型桌上式洁净工作台、光明 DHP-500 型电热恒温培养箱。

步骤如下。

菌株扩繁：在超净工作台中，从试管斜面挑取菌丝，接种在 PDA 平板上，置于 26℃±2℃恒温培养箱中黑暗培养，7～14 天不等。

由西南桤木锯出的不规则小块边材，体积大于 4cm³，每瓶 1～3 块置于 250mL 培养瓶中，加约 20mL 自来水。蛭石用三角瓶或培养瓶装，加入自来水至湿润，用封口膜扎紧。木块和蛭石封装好后，置于 YAMATO SN510C 型立式压力蒸汽灭菌器中灭菌（121℃，0.1MPa，45min）。灭菌后置于无菌操作台中。

接种前将培养瓶中多余水分倒出。用解剖刀把菌落切成约 2cm² 小块贴在木块上。于 26℃±2℃恒温培养箱中黑暗培养。每株菌株重复 3 瓶，培育 8～

10 个星期后取出观察。

通过拍照记录花斑形成的颜色、深度、木材腐朽情况，将腐朽轻、染色多、菌纹多的菌株作为有效菌株。

（3）菌株鉴定方法

通过形态与分子鉴定方法对形成花斑的、腐朽不严重的菌株进行鉴定。

形态观察记录及鉴定方法如下。

观察记录菌落在 PDA 平板上的生长速度、颜色、质地等。挑取菌丝体到载玻片上观察菌丝、产孢结构、孢子形态等。对具鉴定意义的玻片进行光学显微镜数码拍照。查阅相关书籍、期刊等文献对菌株进行鉴定，并请教相关专家。主要参考书籍为《半知菌属图解》《真菌鉴定手册》[26]等。

分子鉴定方法如下。

主要试剂：真菌试剂盒 E. Z. N. A. TM Fungal DNA Kit，D3390-01（Omega Bio-Tek）；引物（ITS1、ITS4，合成于北京三博远志生物技术有限责任公司）；PCR 扩增混合液 [2×Power Taq PCR Master Mix（百泰克），简称 Taq Mix]；BM2000 DNA Marker，DM0101（Biomed）；异丙醇、琼脂糖、去离子水、TAE 缓冲液、DNA stains、99%酒精。

主要工具及仪器：冷冻离心机（Hettich MIKRO 220R）、数显恒温水浴锅（HH-2）、分析天平、移液枪、枪头（使用前高压蒸汽灭菌）、研磨棒（使用前高压蒸汽灭菌）、1.5uL 离心管（使用前高压蒸汽灭菌）、旋涡混合器（XW-80A）、液氮罐（10L）、PCR 自动化系列分析仪（Veriti 96 Well Thermal Cycler）、制冰机（SANYA SIM-F140）、PCR 管（使用前高压蒸汽灭菌）、电泳仪（BIO-RAD Power Pac Universal）、微波炉、凝胶成像仪、−20℃冰箱、4℃冰箱、量筒、三角瓶、镊子等。

将菌株在 PDA 上扩繁，将扩繁后的菌株以真菌试剂盒 [E. Z. N. A. TM Fungal DNA Kit，D3390-01（Omega Bio-Tek）] 提取菌株 DNA；再以 ITS1 及 ITS4 通用引物进行 PCR 扩增，扩增后电泳跑胶，确认扩增得到的序列为

600bp（bp：碱基对）左右，则送到上海美吉生物医药科技有限公司测序，对所得序列进行复检；将复检后的序列在 NCBI 网站上比对，从与之具有最大相似度的菌种中判断鉴定结果，并结合形态确认鉴定结果。具体步骤如下。

① 提取 DNA。方法参照真菌试剂盒上的说明书。

② PCR 反应扩增。

PCR 反应体系（50μL）：2μL DNA 模板、1.5μL 引物 ITS1、1.5μL 引物 ITS4、25μL Taq Mix、20μL 去离子水。将各试剂按体系加入 PCR 管，稍加离心，置于 PCR 自动化系列分析仪中扩增。PCR 反应程序：① 94℃（4min）；②94℃（1min），50℃（45s），72℃（1min），35 个循环；③72℃（10min）。

③ 电泳检测 PCR 扩增产物。

以 50 倍 TAE 缓冲液再稀释 50 倍后融化的琼脂糖（按 1% 比例），微烫时加入 DNA stains，倒在插梳子的塑胶平板中冷凝后拔出梳子，置于电泳槽，在梳子留下的孔内点入 2～4μL PCR 扩增产物及等量 DNA Marker，以 100V 电压跑胶 30～40min。目的基因长度约 600bp。

④ PCR 扩增产物在 −20℃ 冰箱中冻存，在一星期以内将 PCR 扩增产物送到上海美吉生物医药科技有限公司进行测序。

⑤ 测序结果返回后，每条序列都用 Bio Edit 软件进行复检，复检后在美国国立生物技术中心（National Center for Biotechnology Information，简称 NCBI）网站进行 Blast 最高相似度的比对。

3.2 菌纹特征

筛选所得真菌均形成黑色菌纹，菌纹上往往附带黑色染色，仅有间座壳属（*Diaporthe* sp. ZXH63-4）同时形成黑色菌纹和黄色染色。宏观下观察，所筛选的菌株形成的花斑木没有明显腐朽迹象，与典型的白腐菌 *Trametes versicolor* 所形成的白腐不同。

在所采集的标本中，虽有红褐色的菌纹，但是经分离及培育所得的均是黑色菌纹，是否出现红褐色菌纹与标本中形成红褐色菌纹的真菌是否存活、是否适宜在 PDA 培养基上生长、后期真菌在木材上生长的环境条件有关。

形成花斑的炭角菌属（*Xylaria*）、间座壳属（*Diaporthe*）和拟茎点霉属（*Phomopsis*）真菌可能是木本植物自身的内生真菌，在木本植物死亡后在木材上形成菌纹。

（1）菌株 ZXH7-2、ZXH18-4、ZXH18-5、ZXH18-6、ZXH28

鉴定结果：*Diaporthe* sp.。

分类地位：半知菌亚门（Deuteromycotina）腔孢纲（Coelomycetes）球壳孢目（Sphaeropsidales），有性阶段属于子囊菌亚门（Ascomycotina）核菌纲（Pyrenomycetes）炭角菌目（Xylariales）间座壳科（Diaporthaceae）间座壳属（*Diaporthe*）。

菌株形态特征：7 天，菌落直径约 5.6cm，生长较快；菌落正面白色，背面略带黄色，圆周状发散生长；气生菌丝不发达，毛毡状，边缘平整［图 3-1 (a)、(b)］。花斑特征：形成黑色菌纹及染色，染色沿木射线蔓延，木块内部仅形成菌纹［图 3-1 (c)］。

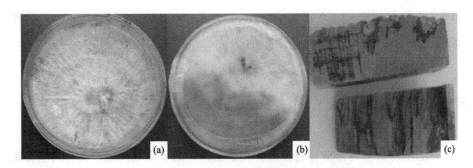

图 3-1 *Diaporthe* sp. ZXH18-6 菌落形态及花斑特征 ❶

---

❶ 图 3-1～图 3-18、图 3-20～图 3-22、图 3-24～图 3-27 中分图 (a)、(b)、(c) 分别代表：(a) 菌落正面；(b) 菌落背面；(c) 花斑特征。

（2）菌株 ZXH18-1

鉴定结果：*Phomopsis eucommii*。分类地位：同菌株 ZXH7-2。

菌株形态特征：7 天，菌落直径约 4.8cm，生长较慢；菌落正面白色，背面浅黄褐色，圆周状发散生长；气生菌丝不发达，毛毡状，边缘不平整［图 3-2（a）、（b）］。花斑特征：形成黑色菌纹及染色，染色沿木射线蔓延，木块内部仅形成菌纹［图 3-2（c）］。

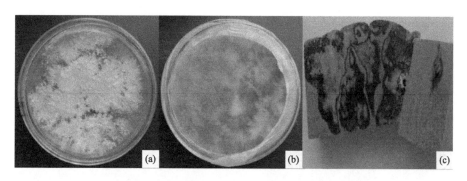

图 3-2 *Phomopsis eucommii* ZXH18-1 菌落特征及花斑特征

（3）菌株 ZXH22

鉴定结果：白花蒲公英内生菌（*Endomelanconiopsis endophytica*）。

菌株形态特征：7 天，菌落直径超过 9cm，生长快，菌落褐色，菌丝呈小球状，培养基正面呈现黑色，菌株背面呈黑色，边缘不平整，菌落表面呈棉花状［图 3-3（a）、（b）］。花斑特征：形成斑点状黑色染色，木块内部无菌纹［图 3-3（c）］。

（4）菌株 ZXH28-2

鉴定结果：*Diaporthe* sp.。分类地位：同 *Diaporthe* sp. ZXH7-2。

菌株形态特征：7 天，菌落直径约 4.5cm；菌落白色，圆周状发散生长；气生菌丝不发达，毛毡状，边缘平整［图 3-4（a）、（b）］。花斑特征：形成黑色菌纹及染色，染色量少，菌纹细，木块内部仅形成菌纹［图 3-4（c）］。

图 3-3　*Endomelanconiopsis endophytica* ZXH22 菌落特征及花斑特征

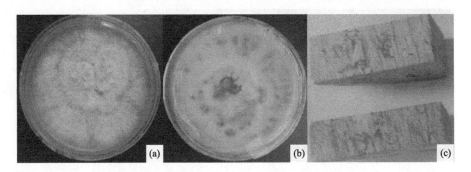

图 3-4　*Diaporthe* sp. ZXH28-2 菌落特征及花斑特征

（5）菌株 ZXH28-3，ZXH28-4

鉴定结果：胶孢炭疽菌（*Colletotrichum gloeosporioides*）。

菌株形态特征：7 天，菌落直径约 6.8cm，生长较快；菌落正面灰色，菌落呈棉花状，背面黑色；气生菌丝发达［图 3-5（a）、（b）］。花斑特征：形成黑色斑点状染色，木块内部无斑点［图 3-5（c）］。

（6）菌株 ZXH62-2

鉴定结果：*Beltrania* sp.。

菌株形态特征：7 天，菌落直径约 4.5cm，生长较慢；菌落正面中心有圆形黄色菌落，四周为白色，背面黄褐色；气生菌丝不发达，菌丝稀疏生长，边缘不平整［图 3-6（a）、（b）］。花斑特征：形成黑色菌纹及黑色染色，木块内部形成菌纹，但无染色［图 3-6（c）］。

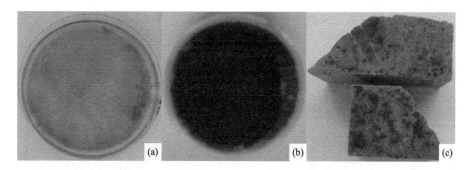

图 3-5　*Colletotrichum gloeosporioides* ZXH28-3 菌落特征及花斑特征

图 3-6　*Beltrania* sp. ZXH62-2 菌落特征及花斑特征

（7）菌株 ZXH63-3

鉴定结果：*Diaporthe* sp. 。分类地位：同 *Diaporthe* sp. ZXH7-2。

菌株形态特征：7 天，菌落直径约 5cm，生长较慢；菌落正面白褐色略带黄色，背面浅黄褐色；气生菌丝不发达，棉絮状，边缘不平整［图 3-7（a）、(b)］。花斑特征：形成黑色菌纹及黑色染色，木块内部形成菌纹，但无染色［图 3-7（c）］。

（8）菌株 ZXH63-4

鉴定结果：*Diaporthe* sp. 。

菌株形态特征：7 天，菌落直径约 5cm，生长较慢；菌落正面白褐色略带黄色，背面浅黄褐色；气生菌丝不发达，棉絮状，边缘不平整［图 3-8（a）、(b)］。花斑特征：形成黑色菌纹及黄绿色染色，木块内部形成菌纹及黄色染色，内部或外部的黄色染色一般被黑色菌纹圈起［图 3-8（c）］。

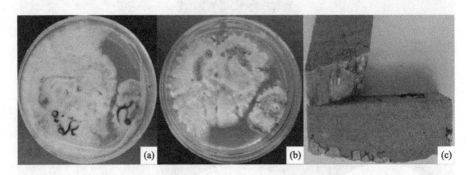

图 3-7　*Diaporthe* sp. ZXH63-3 菌落特征及花斑特征

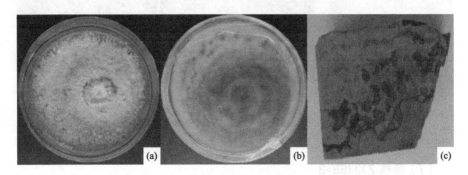

图 3-8　*Diaporthe* sp. ZXH63-4 菌落特征及花斑特征

（9）菌株 SM08-2

鉴定结果：*Diaporthe* sp.。分类地位：同 *Diaporthe* sp. ZXH7-2。

菌株形态特征：9 天，菌落直径约 9.3cm，生长快；菌落正面白色，圆周状发散生长，背面浅黄褐色；气生菌丝不发达，毛毡状［图 3-9（a）、（b）］。花斑特征：形成黑色菌纹及黑色染色，木块内部形成菌纹，但无染色［图 3-9（c）］。

（10）菌株 RM01

鉴定结果：*Diaporthe* sp.。分类地位：同 *Diaporthe* sp. ZXH7-2。

菌株形态特征：9 天，菌落直径超过 9cm；菌落白色，9 天后部分边缘变黄色，具轮纹；气生菌丝不发达，毛毡状［图 3-10（a）、（b）］。花斑特征：

形成黑色菌纹及黑色染色，木块内部形成菌纹，但无染色［图 3-10（c）］。

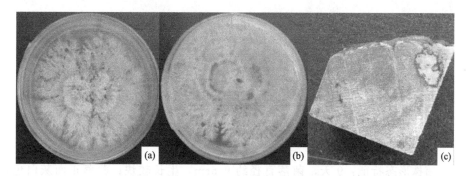

图 3-9 *Diaporthe* sp. SM08-2 菌落特征及花斑特征

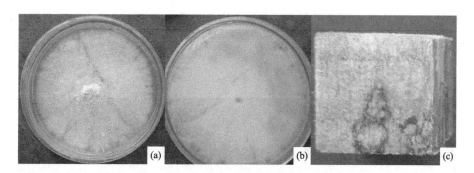

图 3-10 *Diaporthe* sp. RM01 菌落特征及花斑特征

（11）菌株 SM07

鉴定结果：*Diaporthe* sp.。分类地位：同 *Diaporthe* sp. ZXH7-2。

菌株形态特征：9 天，菌落直径约 4.1cm，生长慢；菌落正面白色，背面由中心向外为黄褐色至白色；气生菌丝不发达，毛毡状［图 3-11（a）、（b）］。花斑特征：形成黑色菌纹及黑色染色，菌纹较细，木块内部形成菌纹，但无染色［图 3-11（c）］。

（12）菌株 SL04-1

鉴定结果：*Diaporthe* sp.。分类地位：同 *Diaporthe* sp. ZXH7-2。

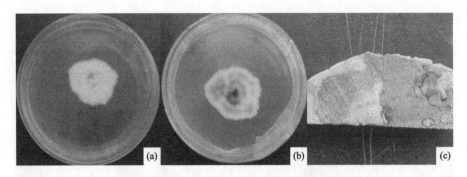

图 3-11 *Diaporthe* sp. SM07 菌落特征及花斑特征

菌株形态特征：9 天，菌落直径约 9.5cm，生长较快；菌落正面灰白色，背面为浅黄褐色，圆周状发散生长；气生菌丝不发达，毛毡状［图 3-12（a）、(b)］。花斑特征：形成黑色菌纹及黑色染色，菌纹较细，木块内部形成菌纹，但无染色［图 3-12（c）］。

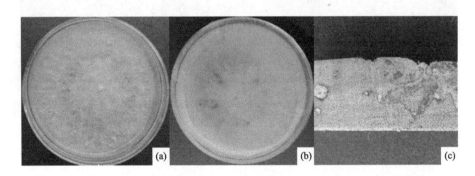

图 3-12 *Diaporthe* sp. SL04-1 菌落特征及花斑特征

（13）菌株 XL02

鉴定结果：*Xylaria* sp.（炭角菌属）。

分类地位：子囊菌亚门（Ascomycotina）核菌纲（Pyrenomycetes）炭角菌目（Xylariales）炭角菌科（*Xylariaceae*）。

菌株形态特征：7 天，菌落直径约 3.3cm，生长较慢；菌落正面白色，背面略带黄色，圆周状发散生长；气生菌丝不发达，毛毡状，边缘平整［图 3-13

（a）、（b）］。花斑特征：形成黑色菌纹及黑色染色，木块内部形成菌纹，但无染色［图 3-13（c）］。

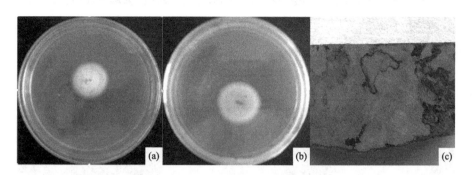

图 3-13 *Xylaria* sp. XL02 菌落特征及花斑特征

（14）菌株 WZG49

鉴定结果：*Xylaria polymorpha*（多形炭角菌）。分类地位：同 *Xylaria* sp. XL02。

菌株形态特征：7 天，菌落直径约 6.3cm，生长较慢；菌落正面白色，背面具黑色条纹，圆周状发散生长；气生菌丝发达，边缘平整；20 天左右可见棒状的子实体［图 3-14（a）、（b）］。花斑特征：形成黑色菌纹及黑色染色，木块内部形成菌纹，但无染色［图 3-14（c）］。

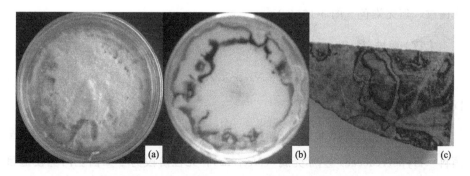

图 3-14 *Xylaria polymorpha* WZG49 菌落特征及花斑特征

（15）菌株 WZG52

鉴定结果：*Xylaria* sp.（炭角菌属）。分类地位：同 *Xylaria* sp. XL02。

菌株形态特征：7 天，菌落直径约 5.2cm，生长较慢；菌落正面白色，背面白色，圆周状发散生长；气生菌丝不发达，边缘平整 [图 3-15（a）、（b）]。花斑特征：形成黑色菌纹及黑色染色，木块内部形成菌纹，但无染色 [图 3-15（c）]。

图 3-15　*Xylaria* sp. WZG52 菌落特征及花斑特征

（16）菌株 WZG6

鉴定结果：*Xylaria* sp.（炭角菌属）。分类地位：同 *Xylaria* sp. XL02。

菌株形态特征：7 天，菌落直径约 4.6cm，生长较慢；菌落正面中心由白色渐渐转为黑色，背面粉红色，圆周状发散生长；气生菌丝不发达，边缘不平整 [图 3-16（a）、（b）]。花斑特征：形成黑色菌纹及黑色染色，木块内部形成菌纹，但无染色 [图 3-16（c）]。

（17）菌株 J1-2

鉴定结果：可可花瘿病菌（*Nectria rigidiuscula*）（Gene Bank No.：DQ780455）。

分类地位：子囊菌亚门（Ascomycotina）肉座菌目（Hypocreales）肉座菌科（Hypocreaceae）丛赤壳属（*Nectria*），无性阶段为半知菌亚门丛梗孢目（Moniliales）瘤座孢科（Tuberculariaceae）鲜色多孢族（Hyalophragmeae）

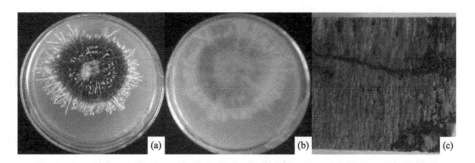

图 3-16 *Xylaria* sp. WZG6 菌落特征及花斑特征

镰刀菌属（*Fusarium*）。

菌株形态特征：7 天，菌落直径约 4.9cm，生长速度较慢；菌落红色，圆周状发散生长，具轮纹；具大量红色气生菌丝，疏松，边缘平整，边缘菌丝下沉于培养基内生长。形成黄色黏液状分生孢子团。具镰刀形及卵圆形分生孢子：成熟镰刀形孢子产自瓶形分生孢子梗，具 6～9 个分隔，形状弯曲，向两尖端逐渐变为窄细，中间细胞为深色，尖端两细胞颜色变为透明，长 60～80μm，宽 7～12μm；卵圆形分生孢子长 5～7μm，宽 3～4μm。形成花斑木的特征：木块表面染色不均匀（玫瑰红色），菌悬液接菌 1 星期即可形成，7 个星期后内部仍未变色，肉眼观察未见腐朽。属于镰刀菌属形成的表面红色染色（图 3-17）。

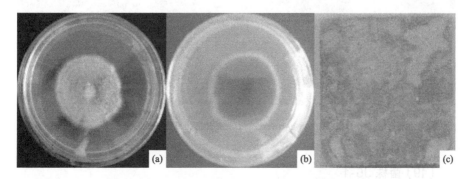

图 3-17 *Nectria rigidiuscula* J1-2 菌落特征及花斑特征

（18）菌株 J2-2，J12-1

鉴定结果：炭角菌（*Xylaria venosula*）（Gene Bank No.：GU797433）分类地位：子囊菌亚门（Ascomycotina）核菌纲（Pyrenomycetes）炭角菌目（Xylariales）炭角菌科（Xylariaceae）炭角菌属（*Xylaria*）。

菌株形态特征：9 天，菌落直径约 6.5cm，生长较慢；菌落正面白色，圆周状发散生长，具轮纹，背面形成圈状黑色染色；菌落毛毡状，气生菌丝发达，边缘平整；具蘑菇气味［图 3-18（a）、（b）］。15 天左右在培养基上形成炭质短棒状子实体。固体法接菌 10 个星期形成黑色细棒状子实体，长约 3.4cm［图 3-19（a）］。液体法接菌 4 星期菌丝体具白色和黑色［图 3-19（b）］。野外采集的标本上具炭质黑色棍棒状子实体，长 0.5～1.5cm，切开可见内部为白色［图 3-19（c）］。形成花斑木的特征：木块由表及里形成不规则弯曲黑色线条，表面沿线条具轻微染色，横截面线条染色较少，内部线条清晰无染色；菌悬液接菌 6 个星期形成，深入 0.1～0.4cm，3 个月后深入约 1cm；肉眼观察未见腐朽。形成线条较细腻清晰，组成多种不规则图案，属于菌纹［图 3-18（c）］。

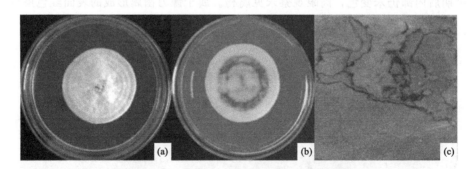

图 3-18　*Xylaria venosula* J2-2 菌落特征及花斑特征

（19）菌株 J5-1

鉴定结果：炭角菌（*Xylaria* sp.）炭角菌属（Gene Bank No.：HM535368）。

图 3-19 *Xylaria venosula* J2-2 子实体及菌体特征

分类地位：子囊菌亚门（Ascomycotina）核菌纲（Pyrenomycetes）炭角菌目（Xylariales）炭角菌科（Xylariaceae）炭角菌属（*Xylaria*）。

菌株形态特征：7 天，菌落直径约 4.1cm；菌落白色，圆周状发散生长；气生菌丝发达，菌丝致密生长，边缘不平整，呈小扇形突出；后期背面沿扇形渐变为淡黄色［图 3-20（a）、（b）］。形成花斑木的特征：木块由表及里形成不规则弯曲黑色线条，或黑色染色；菌悬液接菌 6 个星期形成，深入 0.1～0.3cm，肉眼观察未见腐朽。属于菌纹［图 3-20（c）］。

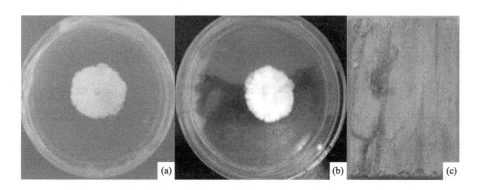

图 3-20 *Xylaria* sp. J5-1 菌落特征及花斑特征

（20）菌株 J6-1

鉴定结果：*Nemania diffusa*（Gene Bank No.：GU292817）。

分类地位：子囊菌亚门（Ascomycotina）核菌纲（Pyrenomycetes）炭角菌目（Xylariales）炭角菌科（Xylariaceae）炭垫属（*Nemania*）。

菌株形态特征：7 天，菌落直径约 5.2cm；菌落正面白色，背面由中心向外为浅黄色至白色，圆周状发散生长；气生菌丝发达，边缘平整［图 3-21（a）、（b）］。形成花斑木的特征：木块由表及里形成不规则弯曲黑色线条，或带状黑色染色，菌悬液接菌 8 个星期形成，深入 0.1～0.3cm，肉眼观察未见腐朽。属于菌纹［图 3-21（c）］。

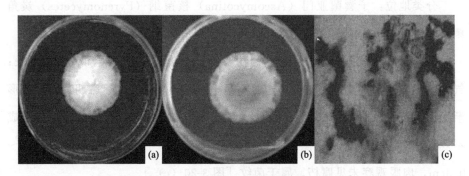

图 3-21　*Nemania diffusa* J6-1 菌落特征及花斑特征

（21）菌株 J9-1，J13-3

鉴定结果：*Phomopsis* sp.（拟茎点霉属）（Gene Bank No.：JF705873）。

分类地位：半知菌亚门（Deuteromycotina）腔孢纲（Coelomycetes）球壳孢目（Sphaeropsidales），有性阶段属于子囊菌亚门（Ascomycotina）核菌纲（Pyrenomycetes）炭角菌目（Xylariales）间座壳科（Diaporthaceae）间座壳属（*Diaporthe*）。

菌株形态特征：7 天，菌落直径约 8.3cm，生长较快；菌落正面白色，背面浅黄褐色，圆周状发散生长；气生菌丝不发达，毛毡状，边缘不平整［图 3-22（a）、（b）］。后期形成黑色块状子座，直径 0.1～0.4cm，子座内形成具孔口分生孢子器，产生两种孢子，一种卵圆形至纺锤形，一种线形［图 3-23

(a)、(b)]，在采集标本上表现为炭质多层半球形［图3-23（c）］。形成花斑木的特征：木块由表及里形成闭合圈状线条，圈大小不等，形状多变，表面沿线条具轻微染色，内部线条无染色；菌悬液接菌1个月形成，深入0.1～0.5cm；肉眼观察未见腐朽。属于菌纹［图3-22（c）］。

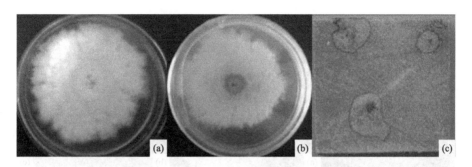

图 3-22　*Phomopsis* sp. J9-1 菌落特征及花斑特征

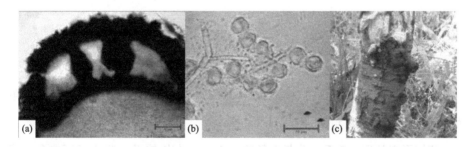

图 3-23　*Phomopsis* sp. J9-1 子座、分生孢子特征

（22）菌株 HD-4

鉴定结果：*Graphium* sp.（粘束孢属）。

分类地位：半知菌亚门（Deuteromycotina）丝孢纲（Hyphomycetes）丛梗孢目（Moniliales）束梗孢科（Stilbaceae），有性阶段可能为子囊菌亚门（Ascomycotina）核菌纲（Pyrenomycetes）小囊菌目（Microascales）长喙霉科（Ceratocystidaceae）长喙霉属（*Microascus*）。

菌株形态特征：7天，菌落直径超过9cm，生长快；菌落正面奶白色，少许中央部位菌丝为黄色，具轮纹，圆周状发散生长，背面黄褐色且轮纹色较深；气生菌丝发达，菌丝疏松，棉絮状，边缘平整［图3-24（a）、（b）］。形成花斑木的特征：木块由表及里形成不规则黑色粗细不匀菌纹，肉眼观察未见腐朽，菌悬液接菌4个星期形成，深约0.2cm。属于菌纹［图3-24（c）］。

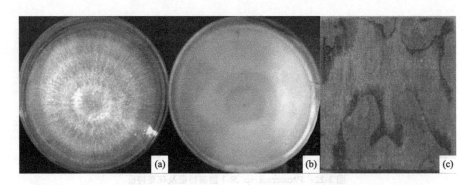

图 3-24 *Graphium* sp. HD-4 菌落特征及花斑特征

（23）菌株 C-1

鉴定结果：*Xylaria* sp.（炭角菌属）（Gene Bank No.：JQ761007）。

分类地位：子囊菌亚门（Ascomycotina）核菌纲（Pyrenomycetes）炭角菌目（Xylariales）炭角菌科（Xylariaceae）。

菌株形态特征：7天，菌落直径约3.3cm，生长较慢；菌落正面白色，背面略带黄色，圆周状发散生长；气生菌丝不发达，毛毡状，边缘平整［图3-25（a）、（b）］。形成花斑木的特征：木块由表及里形成不规则弯曲黑色线条，或块状黑色染色，菌悬液接菌4个星期形成，深入0.1～0.3cm，肉眼观察未见腐朽。属于菌纹［图3-25（c）］。

（24）菌株 YT-1, L-1

鉴定结果：*Xylaria* sp.（炭角菌属）（Gene Bank No.：GQ906959）。

分类地位：子囊菌亚门（Ascomycotina）核菌纲（Pyrenomycetes）炭角菌目（Xylariales）炭角菌科（Xylariaceae）。

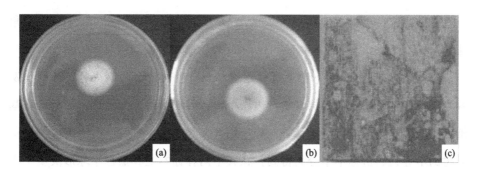

图 3-25　*Xylaria* sp. C-1 菌落特征及花斑特征

　　形成花斑木的特征：木块由表及里形成不规则、细而清晰的黑色菌纹，轻微口袋状白色腐朽，固体平板接菌 8 个星期形成深约 0.3cm 的菌纹。5 个月后木块表面染成黑色。属于菌纹花纹。

　　菌株形态特征 [图 3-26（a）、（b）]：7 天，菌落直径约 4.5cm，菌落白色，圆周状发散生长；气生菌丝发达，菌丝致密生长，边缘不平整，扇形突出；在樱桃树桩和梨树倒木上分离得到，梨木上具黑色垫状子实体，子实体直径 0.3～0.6cm [图 3-26（c）]。

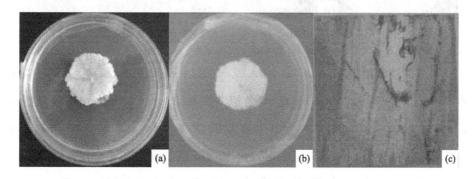

图 3-26　*Xylaria* sp. L-1 菌落特征及花斑特征

（25）菌株 L-2, YT-2, J13-2, SQ

　　鉴定结果：轮层炭角菌属真菌（*Daldinia childiae*）（Gene Bank No.：HM192905）。

分类地位：子囊菌亚门（Ascomycotina）核菌纲（Pyrenomycetes）炭角菌目（Xylariales）炭角菌科（Xylariaceae）轮层炭角菌属（*Daldinia*）。

菌株形态特征：7天，菌落直径超过9cm，生长快，菌落褐色，圆周状发散生长；气生菌丝发达，棉絮状，边缘平整；后期菌落变为黑色，平板培养基染黑色；菌丝体散发特别的清香气味〔图3-27（a）、（b）〕；在樱桃树桩上及梨树倒木等共四份标本中分离得到，在其中两种标本上具黑色半球形炭质子实体，子实体内部具轮层。

形成花斑木的特征：木块被灰色粗线条贯穿，着色顺木材轴向木射线延伸，使线条没有较固定的宽度。肉眼观察未见腐朽，固体平板接菌6星期形成〔图3-27（c）〕。

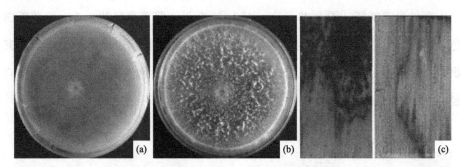

图3-27　*Daldinia childiae* L-2 菌落特征及花斑特征

同属的炭球菌 *Daldinia concentrica* 与 *Daldinia childiae*，叶下珠生拟茎点霉 *Phomopsis phyllanthicola*、暗色拟茎点霉 *Diaporthe vaccinii* 与拟茎点霉属 *Phomopsis* sp. ZXH63-4，燕麦镰刀菌 *Gibberella avenacea* 与 *Fusarium* sp.，*Daldinia concentrica*、*Phomopsis phyllanthicola*、*Diaporthe vaccinii*、*Gibberella avenacea* 未能形成花斑，而 *Daldinia childiae*、*Phomopsis* sp. ZXH63-4、*Nectria rigidiuscula* J1-2（*Fusarium* sp.）可形成花斑，说明虽然形成花斑的真菌种类多，在真菌分类系统中属于不同科属，但同属的真菌却不一定都可以形成花斑。

形成花斑的购买菌株如表3-1所示。

表 3-1　形成花斑的购买菌株

	菌株保藏编号	中文名称	拉丁名
1	cfcc 87397	小孢绿杯盘菌	*Chlorociboria aeruginascens*
2	cfcc 84510	多形炭角菌	*Xylaria polymorpha*
3	cfcc 88581	蔡氏轮层炭壳菌	*Daldinia childiae*

仍有许多可形成花斑的真菌未应用于花斑木培育中。自然中可见真菌在木材上形成多彩的花斑（图 3-28），包括红、黄、蓝、绿、灰、黑等色，有的色彩不美观，或腐朽过度则难以使用。而在培育花斑木过程中，却不易得到菌种在野外侵染的效果，其中影响因素包括树种、湿度变化、培养基、介质、pH、有毒物质刺激、真菌生命周期等。

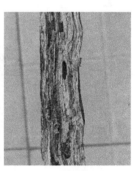

(a)黄褐色菌纹　　　　　　　(b)红褐色菌纹　　　　　　　(c)黄色染色

图 3-28　自然条件下形成的多彩花斑

3.3　木材含水率对菌纹形成的影响

3.3.1　木块含水率的控制

西南桤木以 FESTOOL CS70EB 型精准木工台锯锯成 2cm ×2cm ×2cm 的方块，用鼓风干燥箱将方块以 60℃±5℃烘干至绝干，称重（质量 m_0），蛭石以 60℃±5℃烘干至绝干，通过预实验得出加水量与木块含水率关系。

在每个培养瓶中加入西南桤木 1 块、10g 蛭石，加入不等量的自来水，不等量自来水每个梯度设置 5 个重复实验样本，置于高压灭菌锅灭菌后，取出，冷却 6~8h 后称木块重（质量 m_t），则含水率为：$k = \left[(m_t - m_0) / m_0 \right] \times 100\%$。

首先以 0mL、5mL、10mL、20mL、30mL 为加水量进行计算得出含水率范围，如图 3-29 所示。由图 3-29 可知，加水量在 10mL 至 30mL 之间时木块含水率变化最大，几乎包括了从 20% 至 100% 含水率范围，故需再以 3mL、12mL、14mL、16mL、18mL、21mL、22mL、24mL、26mL、28mL 的加水量进行计算得出含水率范围，如图 3-30 所示。

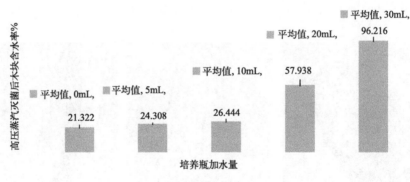

图 3-29　培养瓶加水量与木块含水率的关系 1

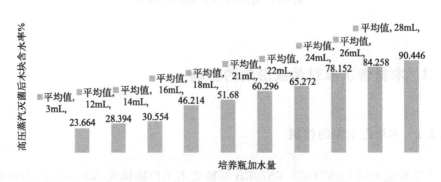

图 3-30　培养瓶加水量与木块含水率的关系 2

选择 3mL、16mL、21mL、28mL 加水量，对应的平均含水率为 23.66%、46.21%、60.30%、90.45%。

3.3.2 菌种扩繁及接种方法

菌株：J9-1 (*Diaporthe* sp.)，ZXH18-1 (*Diaporthe* sp.)，ZXH63-4 (*Diaporthe* sp.)。

菌株扩繁：从试管菌株中挑取菌丝接种于 PDA 培养基中，置于恒温培养箱中黑暗培养 2 个星期左右，至菌丝布满培养皿，菌丝生长旺盛。

木块灭菌：每个培养瓶中加入西南桤木 1 块，加 10g 蛭石，加入自来水（3mL、16mL、21mL、28mL，每个梯度设置 5 个重复实验样本），置于高压灭菌锅以 121℃、0.1MPa 灭菌 30min 后，取出并置于无菌操作台，冷却 6～8h。

将菌株接种到木块上：将扩繁后的菌种在培养皿中用解剖刀切成 2cm × 2cm 大小的方块，用镊子将方块状的菌种贴在纵切面，每个木块贴 2 块，以蛭石覆盖固定，盖上瓶盖。

接种后于 26℃±2℃恒温培养箱中培养。63 天（9 个星期）后，从培养箱中取出，去除木块表面蛭石，用软刷刷去木块表面的菌丝体及部分黑色炭质物，自然风干，再置于鼓风干燥箱中以 60℃烘干至绝干，于干燥室中冷却，称重。

对干燥后的木块进行花斑木花斑数量分析。

3.3.3 不同含水率条件下形成的花斑量

图 3-31 所示为 3 株菌株在 4 种加水量条件下形成的木块表面花斑面积百分比及平均值，通过 SPSS 单因素方差分析（$\alpha = 0.05$，$n = 30$）其差异显著性。菌株 J9-1 在加水量为 21mL 条件下形成的表面花斑面积百分比最大；菌株 ZXH18-1 在 16mL、21mL 加水量条件下形成的表面花斑面积百分比最大；菌株 ZXH63-4 在加水量为 28mL 时形成的表面花斑面积百分比最大，加水量

为 3mL 时面积百分比最小；菌株 ZXH63-4 形成表面花斑的面积百分比最大，菌株 J9-1 最小（$\alpha=0.05$，$n=3$）。相关表面菌纹如表 3-2 所示。

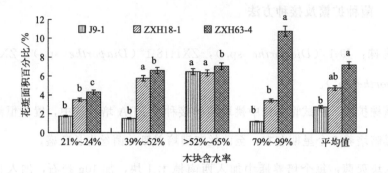

图 3-31　菌株在不同加水量条件下形成的表面花斑面积百分比及平均值

注：1. 图中 4 个含水率范围依次对应 3mL、16mL、21mL、28mL 加水量。

2. 图中小写字母 a、b、c 用于表示单因素方差分析差异性（$\alpha = 0.05$，$n = 30$）

表 3-2　菌株在不同加水量条件下形成的表面菌纹

菌种	含水率			
	21%～24%	39%～52%	>52%～65%	79%～99%
J9-1				
ZXH18-1				

续表

菌种	含水率			
	21%~24%	39%~52%	>52%~65%	79%~99%
ZXH63-4	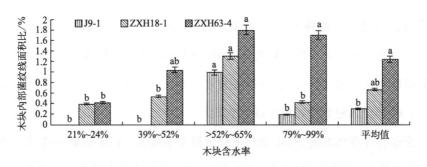			

注：表中 4 个含水率范围依次对应 3mL、16mL、21mL、28mL 加水量。

图 3-32 所示为 3 株菌株在 4 种加水量条件下形成的木块内部菌纹面积百分比及平均值，通过 SPSS 单因素方差分析（$\alpha=0.05$，$n=5$）其差异显著性。菌株 J9-1 和菌株 ZXH18-1 在加水量为 21mL 条件下形成的内部菌纹面积百分比最大；菌株 ZXH63-4 在加水量为 21mL、28mL 时形成的内部菌纹面积百分比最大，加水量为 3mL 时面积百分比最小；菌株 ZXH63-4 形成的内部菌纹面积百分比最大，菌株 J9-1 最小（$\alpha=0.05$，$n=3$）。相关内部菌纹如表 3-3 所示。

图 3-32 菌株在不同加水量条件下形成的内部花斑面积百分比及平均值

表 3-3　菌株在不同加水量条件下形成的内部菌纹

菌种	含水率			
	21%～24%	39%～52%	>52%～65%	79%～99%
J9-1				
ZXH18-1				
ZXH63-4				

3.3.4　不同含水率条件下花斑木质量损失率

图 3-33 所示为菌株 J9-1、ZXH18-1、ZXH63-4 在 4 种不同加水量条件下培育所得的花斑木木块质量损失率，最大值为 6.49%，最小值为 3.78%，平均质量损失率为 5.15%，质量损失较小。通过 SPSS 单因素方差分析（$\alpha=0.05$，$n=5$）其差异性，得出以下结果。

菌株 J9-1 在加水量 28mL 条件下质量损失率最大，在加水量 3mL 条件下质量损失率最小。菌株 ZXH18-1 及 ZXH63-4 在 4 种加水量条件下质量损失率差异性不显著。3 株菌株间在 4 种不同加水量条件下质量损失率差异性不显著。

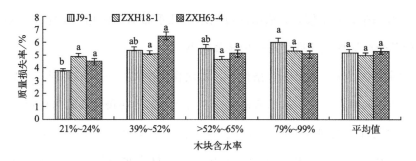

图 3-33　不同加水量条件下花斑木木块平均质量损失率

3.3.5　小结

菌株 J9-1 在木块含水率为＞52％～65％条件下形成的外部及内部花斑最多；菌株 ZXH18-1 在木块含水率为 39％～65％条件下形成的表面花斑最多，但在木块含水率为＞52％～65％条件下形成的内部花斑最多；菌株 ZXH63-4 在木块含水率为 79％～99％条件下形成的表面花斑最多，在木块含水率为＞52％～99％条件下形成的内部花斑最多，在 3mL 加水量条件下形成的表面及内部花斑最少。

木块含水率为 21％～24％时，形成的表面及内部花斑均较少。木块含水率为 39％～65％时，表面及内部花斑面积占木块面积的百分比均较大，达到较高水平。木块含水率为 79％～99％时，菌株 ZXH18-1 和菌株 J9-1 形成的表面及内部花斑均较少，仅菌株 ZXH63-4 形成的花斑较多。

在 4 种不同加水量条件下，菌株 ZXH63-4 形成的表面及内部花斑最多，菌株 J9-1 形成的表面及内部花斑最少。3 株菌株形成最多花斑的加水量条件不同，说明每株真菌形成花斑量大所对应的含水率不同。菌株 ZXH63-4 形成的平均花斑量最大，可适应的含水率也最大。

加水量为 3mL 条件下，木块平均含水率为 21％～25％，低于 30％，不利于真菌在木块上定殖：真菌生长不良，或仅在接种的那一面形成较少的花斑，或定殖失败致菌体死亡。加水量为 28mL 条件下，木块平均含水率为 79％～

99%，真菌生长状况较好，取出时可见木块几乎布满菌丝体，除菌株 ZXH63-4 外的其余两株形成的表面花斑量显著减小。

加水量为 16mL 及 21mL 条件下，木块含水率在 39%～65% 时，形成的花斑量均在 6% 左右，对 3 株真菌来说，表面及内部的花斑量均较为稳定。

木材的纤维饱和点一般为 30%。当木材含水率超过 30% 时，木材细胞腔中存在自由水分子，可供真菌生长利用；当木材含水率低于 30% 时，木材细胞腔中自由水分子极少，不利于真菌生长。木材含水率过高时，木材细胞腔的自由水占据木材细胞腔，空气含量极低，也不利于真菌的生长。

木材含水率在 39%～65% 时，木材细胞腔中具一定量的自由水，但木材细胞腔中仍含有较多空气。此时木材细胞腔如同一个个毛细管，自由水在细胞腔中不停地移动，真菌为了保持自身生长所需的水分，形成菌纹或染色，阻止水分的移动。

一些菌株在培养基上保存会使致病力或活力减弱。菌株 J9-1 形成花斑的能力较弱，这可能与菌株 J9-1 在冰箱中保藏时间及 3 次转管保存有关：菌株 J9-1 是在 3 年前分离得到，且经过 3 次转管保存操作，长时间保存及多次转管保存影响了菌株 J9-1 形成花斑的能力。

3.4 硫酸铜对菌纹形成的影响

3.4.1 材料准备及溶液配制

将西南桦木锯成 2cm×2cm×2cm 的方块，以 60℃±5℃ 烘干至绝干，称重（质量 m_0）。

在每个培养瓶中加入西南桦木 1 块，加 10g 蛭石、16mL 自来水，置于高压灭菌锅灭菌后，取出冷却。

硫酸铜溶液配制：用分析天平（精确到 0.0001g）称取 0.1g 五水硫酸

铜（$CuSO_4 \cdot 5H_2O$），将 0.1g 的 $CuSO_4 \cdot 5H_2O$ 溶于 100mL 蒸馏水中，得 $1kg/m^3 CuSO_4$ 溶液，标记为溶液 A；以移液管吸取 10mL 溶液 A 加入至 90mL 蒸馏水，得 $0.1kg/m^3 CuSO_4$ 溶液，标记为溶液 B；重复操作，得到 $0.01kg/m^3 CuSO_4$ 溶液 C、$0.001kg/m^3 CuSO_4$ 溶液 D、$0.0001kg/m^3 CuSO_4$ 溶液 E。取 B、C、D、E 四种梯度硫酸铜溶液与木块同样置于高压灭菌锅以 121℃、0.1MPa 灭菌 30min 后置于超净工作台，以灭菌蒸馏水定容至 100mL。

3.4.2　硫酸铜溶液处理及接种

菌株：ZXH18-1（*Phomopsis* sp.），ZXH63-4（*Phomopsis* sp.）。

菌株扩繁：从试管菌株中挑取菌丝接种于 PDA 培养基中，置于恒温培养箱中黑暗培养 2 个星期左右，至菌丝布满培养皿，菌丝生长旺盛。

木块灭菌：每个培养瓶中加入西南桤木 1 块、10g 蛭石、16mL 自来水，每个梯度设置 5 个重复实验样本，置于高压灭菌锅以 121℃、0.1MPa 灭菌 30min 后，取出并置于无菌操作台，冷却 6h 以上。

$CuSO_4$ 溶液处理：灭菌后的 B、C、D、E 四种梯度的硫酸铜溶液与木块同样置于超净工作台，木块接种前用镊子夹取木块于硫酸铜溶液中振荡 10s。

将菌株接种到木块上：将扩繁后的菌种在培养皿中用解剖刀切成 2cm × 2cm 大小的方块，用镊子将方块状的菌种贴在纵切面上，每个木块贴 2 块，以蛭石覆盖固定，盖上瓶盖。

接种后于 26℃±2℃ 恒温培养箱中黑暗培养。63 天（9 个星期）后，从培养箱中取出，去除木块表面蛭石，用软刷刷去木块表面的菌丝体及部分黑色炭质物，自然风干，再置于鼓风干燥箱中以 60℃ 烘干至绝干，于干燥室中冷却，称重。

对干燥后的木块进行花斑木花斑数量分析。

3.4.3 硫酸铜对花斑形成的影响

由于在实验过程中，在将培养瓶置于恒温箱中时，放置位置在恒温箱的最底层，正好是发热管所在位置，因此，虽然恒温箱的设定温度为 26℃，但是发热管所在的底部温度可达 60℃。在培育 10 天时发现培养瓶中的菌株生长不良，而且培养瓶盖上有大量水珠，培养瓶底部温度明显高于瓶盖，随后将水分摇晃下落到蛭石和木块中，并将培养瓶转移至培养箱中部，继续培养。后续观察中发现菌株的生长仍然不良。

图 3-34 及图 3-35 所示为经 4 种浓度的硫酸铜溶液处理的花斑木的花斑面积（表面、内部）百分比。相关的表面、内部花斑分别如表 3-4、表 3-5所示。

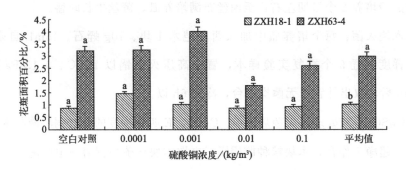

图 3-34　经不同浓度硫酸铜溶液处理后的表面花斑面积百分比

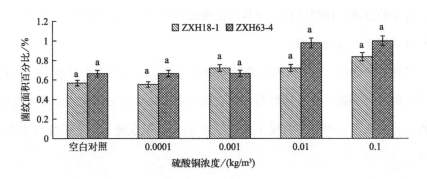

图 3-35　经不同浓度硫酸铜溶液处理后的木块内部菌纹面积百分比

表 3-4　经不同浓度硫酸铜溶液处理后的表面花斑

硫酸铜浓度/ (kg/m³)	菌种	
	ZXH18-1	ZXH63-4
空白对照		
0.0001		
0.001		
0.01		
0.1		

表 3-5　经不同浓度硫酸铜溶液处理后的内部花斑

硫酸铜浓度/	菌种	
(kg/m³)	ZXH18-1	ZXH63-4
空白对照		
0.0001		
0.001		
0.01		

续表

硫酸铜浓度/ (kg/m³)	菌种	
	ZXH18-1	**ZXH63-4**
0.1		

通过 SPSS 单因素方差分析（$\alpha = 0.05$，$n = 30$），得出以下结果。

菌株 ZXH18-1 及菌株 ZXH63-4 在空白对照及 0.0001kg/m³、0.001kg/m³、0.01kg/m³、0.1kg/m³ 四种不同浓度硫酸铜溶液处理条件下形成的表面及内部的花斑面积差异性不显著。

在 3.3 节 "木材含水率对菌纹形成的影响"中，菌株 ZXH18-1 在加水量为 3mL 条件下，形成花斑的面积百分比为 3.50%，而在本次加水量为 16mL（空白对照）实验中形成花斑的面积百分比为 0.87%，下降了 2.63%；菌株 ZXH63-4 在加水量为 3mL 条件下，形成花斑的面积百分比为 4.31%，而在本次空白对照实验中形成花斑的面积百分比为 3.25%，仅下降了 1.06%。

在培育初期由于水分受热蒸发，因此木材及真菌的环境中水分含量低。虽然 10 天后经人为晃动将瓶盖上的水分摇落，水分含量有所恢复，但是同种形成花斑的数量仍比加水量为 3mL 条件下减小，可见初期菌株定殖木材时需要适宜的含水率，含水率低不适于真菌定殖于木材，将不利于形成花斑。

菌株 ZXH63-4 的花斑面积百分比明显高于 ZXH18-1，前者在加水量为 3mL 条件下形成花斑数量下降率更小（菌株 ZXH18-1 下降了 2.63%，菌株 ZXH63-4 下降了 1.06%），可见相较于菌株 ZXH18-1，菌株 ZXH63-4 不仅适应在更高含水率条件下形成花斑，而且适应在更低含水率条件下形成花斑，形成花斑的水分适宜范围更宽。

3.4.4　硫酸铜对花斑木质量损失率的影响

　　图 3-36 是经 4 种浓度的硫酸铜溶液处理的花斑木的质量损失率。木块质量损失率在 0.11%～5.39% 之间，质量损失均较小。4 种不同浓度硫酸铜溶液处理下，木块的质量损失率差异不显著。

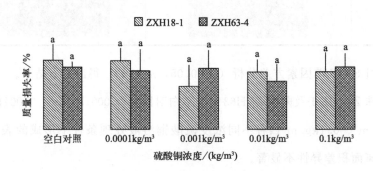

图 3-36　经不同浓度硫酸铜溶液处理的花斑木的质量损失率

　　在培育初期，木材水分散失，菌株生长不良，形成花斑少，在不同硫酸铜溶液条件下形成花斑量及相应的质量损失差异性不显著。

　　在菌株定殖木材初期，木块含水率低不利于真菌定殖于木材。

　　菌株 ZXH63-4 较菌株 ZXH18-1 在经硫酸铜溶液处理的低含水率木块上形成更多花斑。

　　木块浸泡在硫酸铜溶液中，使铜元素在木块表面较均匀分布，也可能不利于真菌定殖并产生花斑。

3.5　菌种组合接种

3.5.1　菌株扩繁及木块灭菌

　　菌株：*Phomopsis* sp. ZXH18-1，*Phomopsis* sp. ZXH28-2、*Beltrania* sp.

ZXH62-2，*Phomopsis sp.* ZXH63-4，小孢绿杯盘菌（*Chlorociboria aeruginascens*）。

PDB 培养基配方：过滤水 1000mL，马铃薯 200g，葡萄糖 17g。PDB 培养基制作过程：马铃薯去皮，切成边长为 1～2cm 的小块，置于过滤水中煮沸 20min，经 2 层纱布过滤，取过滤所得的马铃薯汁，加入葡萄糖，以过滤水定容至 1000mL，分装于 250mL 三角瓶或培养瓶中，每瓶 100mL，置于高压灭菌锅以 121℃、0.1MPa 灭菌 20min。

菌株扩繁：从试管菌株中挑取菌丝接种于 PDB 培养基中，置于恒温水浴振荡器中黑暗振荡培养 5～7 天，得到菌悬液，如图 3-37 所示。木块灭菌：2cm×2cm×2cm 西南桤木方块及蛭石以 60℃±5℃烘干至绝干，每个培养瓶中加入西南桤木 1 块，加 10g 蛭石、10mL 自来水，置于高压灭菌锅以 121℃、0.1MPa 灭菌 30min 后，取出并置于无菌操作台，冷却 6h 以上。

图 3-37　菌株菌悬液

3.5.2　菌株接种到木块

在超净工作台上，将菌悬液中的菌丝团用镊子打散，再将木块夹取置于菌悬液中 10s 左右，粘上一定数量的菌丝体，将木块放回培养瓶，以蛭石覆盖固定，盖上瓶盖。接种两株菌时，先将两株菌的菌悬液混合，再将木块粘上菌丝体，注意粘上的两种菌丝体的量要尽量一致。

接种后于26℃±2℃恒温培养箱中黑暗培养。

49天（7个星期）后，从培养箱中取出木块，去除木块表面蛭石，用软刷刷去木块表面的菌丝体及部分黑色炭质物，自然风干。

对风干后的木块进行花斑木花斑数量分析，方法参照第4章。

3.5.3 花斑数量比较

图3-38及图3-39所示分别为单株及两株菌株接种形成的表面及内部花斑数量统计，相关的表面花斑、内部菌纹分别如表3-6、表3-7所示。通过SPSS单因素方差分析（$\alpha=0.05$，$n=30$），得出以下结果。

单株间的比较：菌株小孢绿杯盘菌单独接菌形成的表面花斑数量显著大于其他菌株，所有菌株单株接菌内部花斑数量差异不显著。

组合间的比较：与小孢绿杯盘菌组合接菌形成的表面花斑数量显著大于其他组合，所有菌株组合接菌内部花斑数量差异不显著。

单株与组合的比较：小孢绿杯盘菌与其他菌株组合后形成的表面花斑数量显著大于小孢绿杯盘菌与其他菌株单独接种，所有菌株组合接菌与单独接菌所形成的内部花斑数量差异不显著，但有增加的趋势。

2株菌株组合接种形成的表面及内部花斑量基本不变或增加。

表3-6　单株及两株菌株接种形成的表面花斑

菌种	菌株			
	ZXH28-2	ZXH62-2	ZXH63-4	小孢
ZXH28-2				

续表

菌种	菌株			
	ZXH28-2	ZXH62-2	ZXH63-4	小孢
ZXH62-2				
ZXH63-4				
小孢				

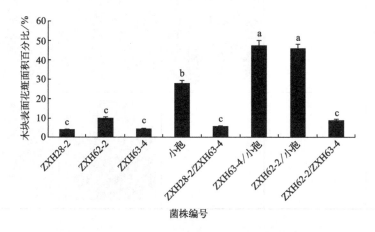

图 3-38　单株及两株菌株接种形成的表面花斑面积百分比

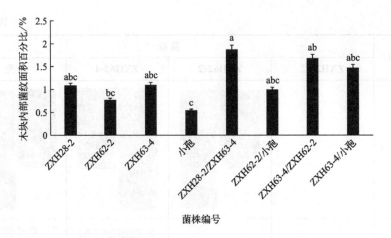

图 3-39　单株及两株菌株接种形成的内部菌纹面积百分比

表 3-7　单株及两株菌株接种形成的内部菌纹

菌种	菌株			
	ZXH28-2	ZXH62-2	ZXH63-4	小孢
ZXH28-2	▦		▦	
ZXH62-2		▦	▦	▦
ZXH63-4			▦	▦

菌种	菌株			
	ZXH28-2	ZXH62-2	ZXH63-4	小孢
小孢				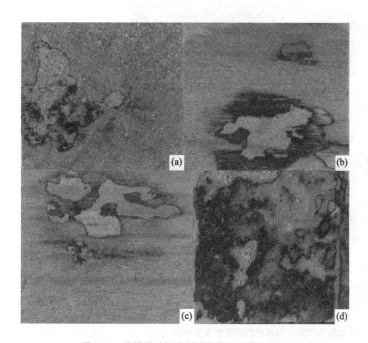

3.5.4 花斑类型的变化

图 3-40 为 4 株菌株单株接种形成的花斑木表面特征扫描图，图 3-41 为 2 株菌株共同接种形成的花斑木表面特征扫描图。

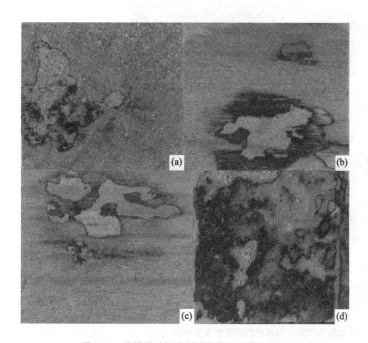

图 3-40 菌株单独接种形成的花斑木表面特征

（a）ZXH28-2;（b）ZXH63-4;（c）ZXH62-2;（d）小孢绿杯盘菌

　　菌株 ZXH63-4 单株接种形成的花斑具有形成内部与外部黑色菌纹且伴随黄色染色的显著特征（图 3-40），菌株 ZXH28-2、菌株 ZXH62-2 组合仍可形成内部与外部的黄色染色［图 3-41（a）、（d）］，但与小孢绿杯盘菌组合时，不能形成内部或外部的黄色染色［图 3-41（c）］。

　　菌株 ZXH28-2、菌株 ZXH62-2 单株接种形成的花斑均为黑色菌纹及黑色染色［图 3-40（a）、（d）］，分别与菌株 ZXH63-4 组合接种均保留黑色菌纹及黑色染色的特征［图 3-41（a）、（d）］。

　　小孢绿杯盘菌单株接种形成的花斑特征为大面积黑色、褐色染色与较粗的黑色菌纹，分别与菌株 ZXH63-4、菌株 ZXH62-2 组合接种的染色效果没有显著的差异，仍然是大面积的黑色、褐色染色与较粗的黑色菌纹。

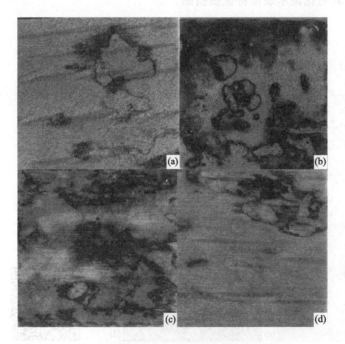

图 3-41　2 株菌株共同作用形成的花斑木表面特征

（a）ZXH28-2/ZXH63-4；（b）ZXH62-2/小孢；（c）ZXH63-4/小孢；（d）ZXH63-4/ZXH62-2

　　4 株菌株（*Phomopsis* sp. ZXH28-2，*Beltrania* sp. ZXH62-2，*Phomopsis* sp.

ZXH63-4，小孢绿杯盘菌 *Chlorociboria aeruginascens*）2 株接种与单株接种相比，形成的花斑量不变或显著增加，可见 2 株菌株组合接种有利于使花斑量增加。

菌株 ZXH63-4 除了与小孢绿杯盘菌组合接种时，与其他两株菌株组合接种都可以在木块上形成黑色菌纹及黄色染色。

小孢绿杯盘菌的单株接种与组合接种的表面花斑几乎一致，仍是大面积的染色及较粗的黑色线条。

菌株 ZXH62-2、菌株 ZXH63-4 单独接菌形成花斑面积差异性显著，菌株 ZXH62-2 形成的花斑面积显著大于菌株 ZXH63-4，但组合接菌形成的花斑面积介于两者之间，与两者的差异性都不显著。在培育过程中形成花斑较少的菌株 ZXH63-4 在木块上生长，占据了一部分木块，使形成花斑较多的菌株 ZXH62-2 定殖面积减小。

小孢绿杯盘菌与菌株 ZXH62-2、菌株 ZXH63-4 组合接菌后花斑面积显著增加。小孢绿杯盘菌与菌株 ZXH62-2、菌株 ZXH63-4 组合后在木块上的生长范围缩小，所以形成的花斑面积有增无减。

3.6 两株菌纹真菌培育白木香花斑木的条件优化

白木香（*Aquilaria sinensis*）是形成名贵中药沉香的树种，其木质部淀粉含量丰富，有利于真菌在木材上生长，且材色较浅，便于突显深色菌纹，是制作菌纹木的优选材料。我国人工种植白木香的面积大，但因结香技术局限，结香率低，市场上出现了结香效果更优良的奇楠品种，一些企业已经开始将种植多年的白木香树砍伐后嫁接奇楠，由此将产生大量的白木香木材剩余物。

以 2 株间座壳属真菌 *Diaporthe* sp. ZXH18-6 及 *Diaporthe* sp. ZXH63-4 接种到经灭菌与未灭菌、加糖与不加糖处理的白木香木材上，在室内和恒温箱中分别培育 60 天，比较菌纹形成的效果。结果表明：未灭菌木样在培育过程中受杂菌污染，造成块状灰黑色染色；经灭菌木样在接种操作过程中接触到空气中的霉菌，造成木样表面轻度的污染，但添加葡萄糖的木样可以较大概率地形成内部的菌纹，未加葡萄糖的木样内部几乎没有菌纹。葡萄糖的添加可以提高 *Diaporthe* sp. ZXH63-4 在木块上的定殖成功率，2 株 *Diaporthe* spp. 真菌在室温 6.0～24.7℃、湿度 76.1％～96.4％下生长并形成菌纹（图 3-42）。

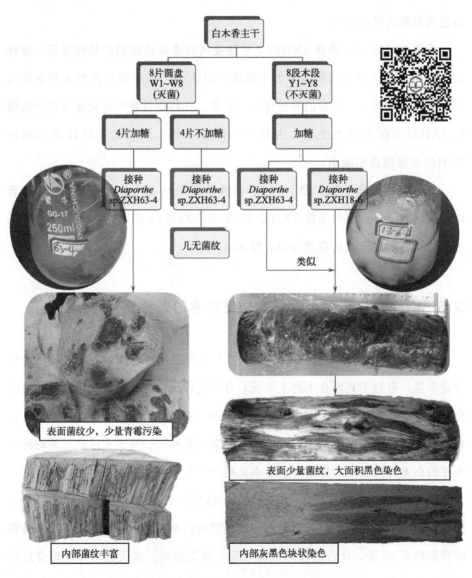

图 3-42　两株间座壳属真菌培育白木香花斑木的条件优化

3.6.1 优化方法

实验设置 4 组处理，分别为：A 组为未灭菌加糖处理接种 *Diaporthe* sp. ZXH63-4；B 组为未灭菌加糖处理接种 *Diaporthe* sp. ZXH18-6；C 组为灭菌加糖处理接种 *Diaporthe* sp. ZXH63-4；D 组为灭菌不加糖处理接种 *Diaporthe* sp. ZXH63-4。每组处理重复 4 次。

取 10 年生白木香树高 2.5~3.5m 处主干，直径 6~7cm，木材材色为白色至浅黄色，生长轮不明显，采集后置于通风处气干。直径较大者锯成 2~3cm 高的小圆盘 8 片（编号 W1~W8），直径较小者锯成长 25cm 的木段 8 段（编号 Y1~Y8）。按国家标准《木材含水率测定方法》（GB/T 1931—2009）测量白木香气干条件下的含水率，测得平均含水率为 10.76%（样本重复 5，标准偏差 0.0016，变异系数 1.52%）。为将木材含水率调节至适宜菌株 *Diaporthe* sp. ZXH63-4 生长的 40% 含水率，根据白木香气干材质量，计算各木样达到 40% 含水率所需的葡萄糖溶液（20%，质量分数）体积或过滤水体积。

加糖处理方法：编号 Y1~Y8 木样两端以电钻打孔（6cm 深孔洞），用滴管将葡萄糖溶液滴入一端的孔洞，并以水循环式真空泵在另一端抽气，让木样吸收葡萄糖溶液；编号 W1~W4 木样横断面上以毛笔蘸葡萄糖溶液画一条通过髓心的横线，直至葡萄糖溶液完全渗入木样；在 W5~W8 木样横断面上以毛笔蘸过滤水画类似的横线。

挑取菌丝至马铃薯葡萄糖液体（PDB）培养基，于 SHA-BA 型恒温水浴振荡器（水温 25℃±2℃，转速 131r/min，时间 5 天）培养得到接种物。

未灭菌木样接种真菌方法：木样在实验室中 2 盏酒精灯前，以烧通红并冷却后的镊子夹取菌丝团，塞满试件孔洞，覆盖木样树皮，用保鲜膜包裹，放入装有已灭菌木屑（起到固定木屑及保温作用）的密封塑料箱中，把温湿度记录仪（妙昕 TH10R-EX 型）的探头放入塑料箱中，每小时记录 1 次温湿度值，塑料箱用保鲜膜密封。

灭菌木样接种菌株方法：木样以白纸包裹，称重，质量记为 m_1，经高温蒸汽灭菌（博迅 BXM-30R 立式压力蒸汽灭菌器，120℃，45min）后称重，在超净工作台上吹风并打开紫外灯，调整含水率至 40％（质量恢复至 m_1），在超净工作台上接种菌丝团，接种后以保鲜袋包装，随后置于恒温箱（25℃±2℃）中黑暗培养。

3.6.2　优化结果

未经灭菌处理的木样出现污染情况，污染现象为大面积深入木材内部的灰黑色染色，表面染色面积占整块木样的 50％以上，菌纹仅在木样表面局部形成。*Diaporthe* sp. ZXH63-4 形成的表面菌纹显著较 *Diaporthe* sp. ZXH18-6 多。

经灭菌处理的木样仅在表面出现少量青霉污染，青霉污染应为接种后套保鲜袋时造成。灭菌后加糖处理的木样和不加糖处理的木样表面菌纹量差异不显著，但均较未灭菌木样的菌纹量显著减小；所有处理中，仅经灭菌加糖处理的木样在木样内部形成菌纹，但 4 个重复中有 1 个木样没有形成内部菌纹。

用温湿度记录仪记录塑料箱中的温湿度范围（图 3-43）：温度 6.0～24.7℃，湿度 76.1％～96.4％。温度较昆明室内温度略高。塑料箱的温度有时在下午升高，是由于塑料箱在约 16：00—18：00 被西斜的阳光照射，木屑保温作用明显。

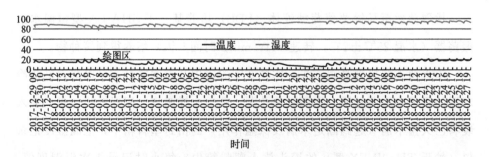

图 3-43　昆明冬季室内塑料箱培育菌纹木的温湿度记录

3.6.3　讨论

木材中的小分子糖成分含量高，有利于真菌成功定殖于木材。对于材色较浅但小分子糖含量相对较低的木材，可以通过接菌前添加小分子糖提升真菌定殖速度与成功率，缩短菌纹木培育时间并增加菌纹量。

木材在未灭菌条件下培育花斑木，其本身携带的真菌或造成污染。

Robinson 等将糖槭（*Acer saccharum*）和美洲山杨（*Populus tremuloides*）原木（直径约 20cm，厚 10cm）经过 10％漂白水和 80％乙醇溶液消毒，放在表面消毒的塑料箱中，接种 3 种在灭菌条件下形成黄色染色的真菌 *Scytalidium lignicola*、*Scytalidium ganodermophthorum* 及 *Inonotus hispidus*，以含水率 98％的珍珠岩为培养介质，恒温恒湿（27℃±2℃，湿度 80％±5％）条件下培养 12 个星期，*S. lignicola* 除了形成灭菌条件下的黄色染色，还有蓝色染色，*S. ganodermophthorum*、*Inonotus hispidus* 形成的染色与灭菌条件下的一致，除了黄色染色以外的真菌染色应该来源于木材本身携带菌。

Diaporthe sp. ZXH63-4 及 *Diaporthe* sp. ZXH18-6 也在类似未灭菌条件下培养，除了菌纹还形成了灰黑的块状染色，应该也是由于木块本身携带真菌所致，不同木材携带菌类不一样，因此增加的着色不同。如果在不灭菌条件下规模化生产菌纹木，需要根据市场需求情况及该批树种本身携带菌的情况来拟定生产方案。

3.7　菌纹木培育注意事项

（1）树种选择

自然条件下，形成较多菌纹的针叶材树种少，阔叶材树种多。

阔叶材中，龙脑香科、芸香科、无患子科、桃金娘科、肉豆蔻科、木犀科的树种极少形成菌纹，这些树种大多心材材色较深，边材颜色具灰色调，如无患子科的龙眼、荔枝的边材都是灰红褐色，桃金娘科的树种赤桉的边材为灰红褐色、柠檬桉的边材为灰黄褐色、白千层的边材为灰褐色，同时都是耐腐性较强的材种；核桃科、槭树科、桦木科、桦木科、梧桐科、樟科、大戟科、蔷薇科、含羞草科、壳斗科、蝶形花科、木兰科、苏木科的边材易于形成菌纹，这些科的树种大多边材材色较浅，如核桃科核桃、化香树、枫杨的边材均为浅黄褐色，槭树科槭木、青榨槭的边材为黄褐色，桦木科西南桤木的边材为黄红褐色、西南桦木的边材为浅黄褐色，易于形成菌纹的材种大多也容易形成白腐。

可选择在国内分布广泛的易形成菌纹的树种，如槭木、山杨、西南桤木、白兰、合欢、黄葛树、大果紫檀、樱桃木、梨木、樟木、栎木、白木香等树种的边材进行菌纹木培育。

（2）菌种选择

花斑菌种在自然中广泛分布。因为自然中花斑菌种丰富，野外采集所得的花斑木往往是多种菌种共同作用形成，且因野外气候、土壤、湿度等环境条件较复杂和多变，加以较长的定殖时间，在某些条件下偶然能出现菌纹、染色美观且腐朽不太严重的花斑木。

当通过实验室方法把花斑菌种分离出来，单独接种到木材上时，不同菌纹菌种形成的菌纹稍有差异，一般以黑色菌纹为主，伴随菌纹形成黑色染色，目前仅发现菌株 ZXH63-4 形成的黑色菌纹伴随黄色染色。单独菌种的接种所得到的花斑数量较少且较单调，不易得到美观的花斑木，组合菌种接种培育所得的花斑木花斑量较大且较丰富。

（3）含水率控制

在自然条件下，菌纹真菌的生长与自然环境中的水分含量、木材中的水分含量关系密切。一般在潮湿的环境条件下和半干的木材中易发现花斑木，比如潮湿的针阔混交林林下草丛中的断枝，而在一些砍伐后及时干燥的木料中难以见到。

在实验室中将单种菌株接种到木材上后，木块含水率为 21％～24％时，形成的表面及内部花斑量均较小；木块含水率为 39％～65％时，表面及内部花斑面积占木块面积的百分比均较大；木块含水率为 79％～99％时，多数菌株形成的表面及内部花斑量均较小，仅菌株 ZXH63-4 形成的花斑量较大。

菌株 J9-1 在木块含水率为＞52％～65％条件下形成的外部及内部花斑量最大；菌株 ZXH18-1 在木块含水率为 39％～65％条件下形成的表面花斑量最大，但在木块含水率为＞52％～65％条件下形成的内部花斑量最大；菌株 ZXH63-4 在木块含水率为 79％～99％条件下形成的表面花斑量最大，在木块含水率为 52％～99％条件下形成的内部花斑量最大。

在不同加水量条件下，菌株 ZXH63-4 形成的表面及内部花斑量最大，菌株 J9-1 最小。据初步观察，菌株 J9-1 首次分离得到的接种效果与存储 2～3 年后的接种效果差异明显，这很可能与菌株 J9-1 在实验室经过 2～3 年的存储有关，在菌种存储过程中由于多次转新培养基，菌株形成染色和菌纹的能力下降。

（4）硫酸铜的刺激作用

硫酸铜常常作为杀菌剂成分使用，即常见的波尔多液的有效成分，对真菌有一定毒性，但当浓度较低时，可刺激花斑真菌形成更多菌纹和染色。

（5）营养成分促进作用

在菌株生长初期，适当给予糖作为营养成分，可以有效促进菌株快速生长，有利于菌株深入木材内部，在木材内部形成菌纹。

（6）污染菌控制

在培育花斑木过程中，将菌种接种到木材上时易发生青霉和黑根霉的污染，木材及基质如没有进行灭菌处理，也易发生杂菌污染。

第4章

花斑木显微特征分析

4.1 菌纹木光镜和电镜显微特征分析

Phomopsis sp. J9-1、*Xylaria venosula* J12 形成相似的细类型菌纹线，*Daldinia childiae* J13-2 形成粗类型；粗细两种类型在培育 8 个星期后木材的腐朽均不明显，都趋向于形成闭合的圈，菌纹线附近和木材导管中的菌丝尤其集中，菌纹线主要由黑化膨大的菌丝构成；两种菌纹线的形态、在木材中的位置、黑化膨大的菌丝的形状有明显区别。菌纹线的形成可能与真菌对环境的抗逆性有关。

试验菌株 *Phomopsis* sp. J9-1、*Xylaria venosula* J12 及 *Daldinia childiae* J13-2 为经筛选、可形成菌纹线的，同时腐朽不明显的菌株，前两种形成的菌纹线为细线（宽 0.1~0.5mm），后一种为粗线（宽 0.5~2mm）。试验木材包括西南桤木、西南桦木，制成试样约 2cm×2cm×3cm。三株菌株分别以 PDA 培养基扩繁至生长旺盛（约 2 星期），蛭石装在培养瓶中，每瓶含 20g 蛭石、17mL 水及 2 块木块，菌种切成约 2cm×2cm 方块，每个木块上接种 1 块。经高压蒸汽灭菌锅以 121℃灭菌 30min，置于培养箱中培养 8 星期后，用软毛刷去除木块上的菌丝及蛭石。

对以上 3 种木材试样各取约 1cm×1cm×1cm 具有菌纹线的试样，用徕卡 2000R 切片机切片，切片不染色观察及用双染法着色（以 1%番红浸泡 1h 以上，再以苯胺蓝水浴沸腾 2～5min）后观察，在尼康 80i 生物显微镜下对切片进行观察和记录。

3 种木材所得的菌纹从任一面观察都闭合成圈状或具有闭合成圈状的趋势，立体地看，菌纹围合成不规则形状的空间，称菌圈。菌纹（zone lines）即菌圈的剖面，菌圈从不同角度剖开时，木材表面的菌纹不规则弯曲，菌圈内材色较浅，菌圈外材色较深（图 4-1）。*Phomopsis* sp. J9-1 与 *Xylaria venosula* J12 形成的菌纹线类型相似——细而清晰，而 *Daldinia childiae* J13-2 形成的菌纹线粗而边界较模糊，贯穿木块试样的中部。

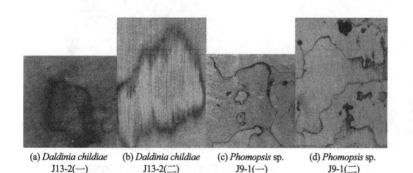

(a) *Daldinia childiae*   (b) *Daldinia childiae*   (c) *Phomopsis* sp.   (d) *Phomopsis* sp.
     J13-2(一)   J13-2(二)   J9-1(一)   J9-1(二)

图 4-1 人工培育所得花斑木的宏观特征（西南桦木）

Phomopsis sp. J9-1 与 *Xylaria venosula* J12 形成的细的菌纹线宏观相似，其菌纹线微观特征也相似，与 *Daldinia childiae* J13-2 所形成的菌纹线明显不同。

4.1.1 细菌纹的光镜和电镜特征

Phomopsis sp. J9-1 与 *Xylaria venosula* J12 形成的菌纹为细线的类型。横切面上，一个菌纹线闭合圈中，黑色菌纹线区域在木射线处明显向外延伸［图 4-2（a）、（b）］，说明菌丝在木射线中扩散得更快，但所观察其余大部分菌纹线中这种现象不明显［图 4-2（c）、（d）］。黑色的菌圈由黑化的菌丝膨大

状的物质构成，菌圈厚度较均匀，多为 1～2 个细胞，如同密实的围墙般将菌丝分布区域圈起；菌圈内的细胞布满无色的菌丝，靠近菌纹线处更密集，如图 4-2（b）中箭头所指的导管里填充着大量菌丝；而菌圈外几乎没有菌丝；菌圈内外的木材结构完整，如同正常材。

经过 8 个星期的培育后，木材木纤维、导管、木射线组织基本完好，未观察到真菌穿插造成孔洞；区域外的木材组织基本未受到侵染。另外菌纹区域内材色略微发白，说明部分木质素已被降解，如果继续培养则继续变白，如同白腐。

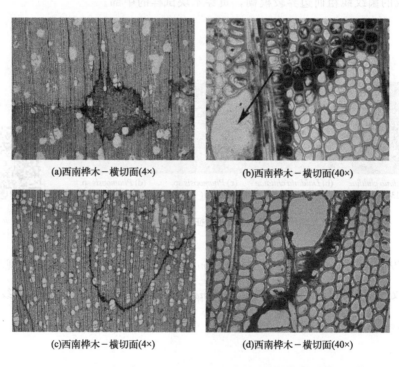

(a)西南桦木－横切面(4×)　　　　　　(b)西南桦木－横切面(40×)

(c)西南桦木－横切面(4×)　　　　　　(d)西南桦木－横切面(40×)

图 4-2　*Phomopsis* sp. J9-1 在西南桦木上形成的菌纹线微观特征

图中 4×、40× 表示物镜的放大倍数，乘以目镜倍数 10 后，实际放大倍数为 40

从 *Phomopsis* sp. J9-1 形成的菌纹木样品的扫描电镜可以看出：菌圈内分布着大量菌丝，菌丝尤其集中分布于导管，集结成团［图 4-3（c）］；菌丝多通过纹孔及穿孔板扩散（图 4-3）。菌纹线处的黑化膨大的菌丝构成厚度较均匀的菌圈，通常为 1 个细胞宽 [图 4-3 （a）、（b）]。在菌圈中，导管中布满集结成团的菌丝体，而周围的其余类型的细胞中的菌丝均未集结成团。

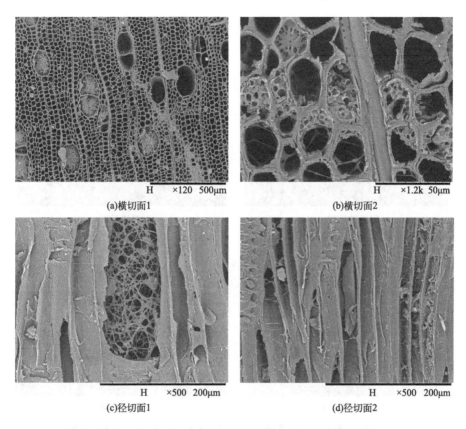

(a)横切面1

(b)横切面2

(c)径切面1

(d)径切面2

图 4-3 *Phomopsis* sp. J9-1 形成的西南桦木菌纹木扫描电镜图

4.1.2 粗菌纹的光镜和电镜特征

Daldinia childiae J13-2 形成的菌纹没有构成如 *Phomopsis* sp. J9-1 和 *Xylaria venosula* J12 所形成的清晰的围墙般的界限，而是略有分散，往往将一整个木材细胞腔填满，被填充的木材细胞包括导管、木纤维和轴向薄壁组织，旁边的细胞往往分布大量菌丝，有色或无色，被填满的细胞腔一般相隔数个木材细

胞 ［图 4-4 （a）、（c）、（e）、（f）］。菌丝在导管、射线薄壁细胞、轴向薄壁组织中的分布比在木纤维中的分布更广、数量更多（图 4-4），大量菌丝体旁边的木纤维中只有少量菌丝分布 ［图 4-4 （d）］，这种特征在木材白腐中常见。

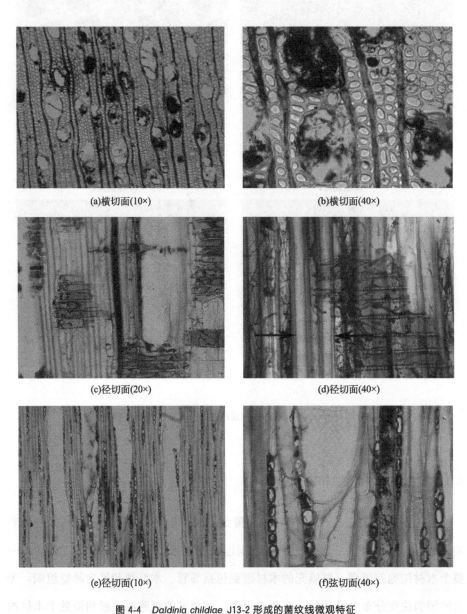

(a)横切面(10×)

(b)横切面(40×)

(c)径切面(20×)

(d)径切面(40×)

(e)径切面(10×)

(f)弦切面(40×)

图 4-4 *Daldinia childiae* J13-2 形成的菌纹线微观特征

从 *Daldinia childiae* J13-2 形成的菌纹木样品的扫描电镜可以看出：菌圈内分布的菌丝量较细线类型的少，不在导管中集结成团［图 4-5（c）］；菌丝多通过纹孔及穿孔板扩散（图 4-5）。菌纹线处的膨大黑化的菌丝结构多为 2 分枝或 3 分枝，几乎填充满一个导管腔［图 4-5（a）、（b）］，与细线类型菌纹线的结构不同。经过 8 个星期的培育后，木材木纤维、导管、木射线组织基本完好，未观察到真菌穿插造成孔洞；区域外的木材组织基本未受到侵染。

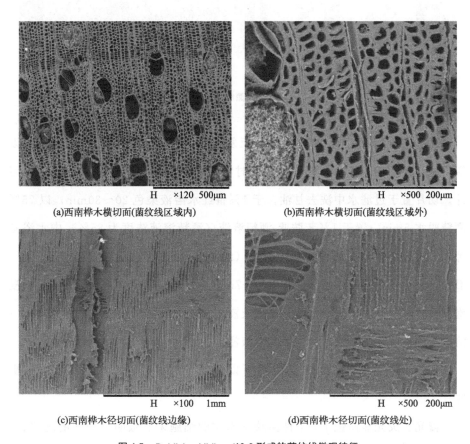

H ×120 500μm
(a)西南桦木横切面(菌纹线区域内)

H ×500 200μm
(b)西南桦木横切面(菌纹线区域外)

H ×100 1mm
(c)西南桦木径切面(菌纹线边缘)

H ×500 200μm
(d)西南桦木径切面(菌纹线处)

图 4-5 *Daldinia childiae* J13-2 形成的菌纹线微观特征

4.2 菌纹木偏光荧光显微特征分析

以 *Phomopsis* sp. J9-1 接种到四种木材（杨木、西南桤木、西南桦木、思茅松）上培养12周。取边长约1cm方块木样，由于真菌侵染木块时由表面深入内部，表面的腐朽程度一般高于内部，因此截取具有菌纹的部位，所取的木样如图4-6所示。

(a)杨木　　　　　(b)西南桦木　　　　　(c)西南桤木　　　　　(d)松木

图4-6　菌纹木取样

随后进行切片制作。将木样以水反复煮沸—冷却数次，达到饱水状态，以滑走切片机切16~20μm切片，切片时将热水点在样品上，并以甘油涂抹刀片。切片置于过滤水中洗去甘油，于1%番红水溶液染色20~30min，以75%酒精脱水5min，置于1%苯胺蓝-酒精溶液（酒精溶液浓度为85%）中水浴煮沸1~2min，于85%酒精溶液中洗涤（约10s，洗去多余的苯胺蓝），于95%酒精、无水乙醇溶液中逐级脱水各5~7min，于正丁醇/无水乙醇1:1溶液浸泡脱水1~2min，于100%正丁醇溶液浸泡1~2min，于正丁醇/二甲苯1:1溶液浸泡脱水1~2min，于二甲苯溶液浸泡脱水1~2min，以中性树胶封片。

切片置于尼康80i生物显微镜下以普通光、偏光、荧光观察，并拍摄照片。

偏光、荧光显微镜下，4种菌纹木木材的细胞未有被明显降解的现象。4种菌纹木及其正常材的三切面木材解剖分子在普通光学显微镜和荧光及偏光显微镜下没有明显区别；菌纹木中的菌纹线一侧具有大量菌丝，另一侧菌丝极少，两侧的偏光及荧光发亮没有明显区别，说明纤维素与木质素的降解程度较轻微，偏光及荧光显微镜不能观察到。

　　杨木菌纹木偏光及荧光图像显示菌纹线一侧具有大量菌丝，另一侧菌丝极少，两侧的偏光及荧光发亮没有明显区别（图4-7），说明木质素与纤维素含量变化在菌纹线的两侧区别不明显；在黑色菌纹线及菌丝处的细胞壁几乎没有发亮，是由于菌丝及黑色素不产生偏光和荧光。杨木菌纹木与正常材的偏光及荧光发亮情况比较，区别也不明显（图4-7、图4-8）。鉴于4种木材的菌纹木三切面切片在偏光及荧光显微观察下菌丝分布、黑色素着色特点、细胞壁发亮情况均类似，因此选取每个树种的一个切面显微图片列入本节（图4-9～图4-11）。

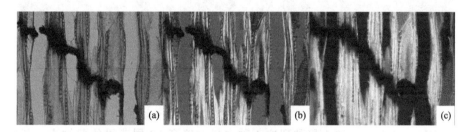

图 4-7　杨木菌纹木表面弦切面显微图像［普通光（a）、偏光（b）、荧光（c）］

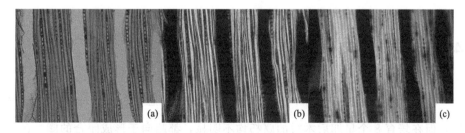

图 4-8　杨木正常材弦切面显微图像［普通光（a）、偏光（b）、荧光（c）］

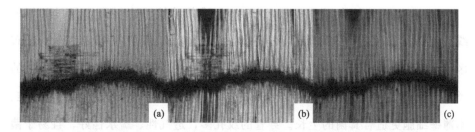

图 4-9　西南桦木菌纹木表面径切面显微图像［普通光（a）、偏光（b）、荧光（c）］

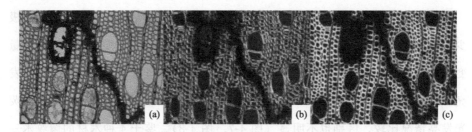

图 4-10　西南桦木菌纹木表面横切面显微图像［普通光（a）、偏光（b）、荧光（c）］

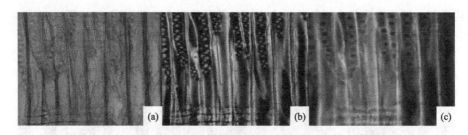

图 4-11　思茅松菌纹木表面显微图像［普通光（a）、偏光（b）、荧光（c）］

Phomopsis sp. J9-1 接种到这 4 种木材上培育 12 周获得的菌纹木，其纤维素与木质素的降解有限，以偏光及荧光显微镜不能观察到。

4.3　小结

粗细两种类型菌纹由不同真菌形成，其微观形态、位置、构成有明显区别，但在培育 8 个星期后木材的腐朽均不明显，都趋向于形成闭合的圈。菌纹线附近的菌丝最密集，菌纹线主要由黑化膨大的菌丝构成。

Phomopsis sp. 及 *Xylaria venosula* 形成的菌纹为木材由表及里的细黑线，主要由黑化膨大的菌丝及其分泌物构成，如密实的围墙一般将菌丝的分布区域包围起来，厚度一般仅 1～2 个木材细胞宽度，菌圈的形状与木材细胞的类型无关。在菌圈中，菌丝最集中分布于导管，说明导管腔的环境比木纤维、木薄壁细胞更适合真菌的生长。导管的纹孔多，透气性、疏水性好，且易于菌丝通过纹孔、穿孔板出入，利于真菌的寄居。

Daldinia childiae 形成的菌纹为贯穿于木块中部的粗线，粗线（形态略不同于细线者）主要由黑化膨大的菌丝及其分泌物构成，黑化膨大的菌丝及其分泌物顺木材细胞形态填充木材细胞腔（导管或木纤维等），相邻的木材细胞一般未被填充或少量填充，与细线菌纹形成密实的"围墙"不同。菌圈中菌丝在导管分布最多，在射线薄壁细胞、轴向薄壁组织中的分布比在木纤维中的分布更多，说明西南桤木的薄壁细胞的纹孔利于 *Daldinia childiae* 的扩散，且内含物未阻碍其生长，菌丝通过解剖学上阻力最小和能最快得到营养物质的方式进行生长。

菌圈为密闭的区域，因此我们猜测密闭的菌圈可以限制菌圈内生长所需的水分子的流失，还可以防止圈外有毒有害物质及细菌、真菌等生物个体的侵入，在保持内部良好的生长环境的同时还可抵御外来不良环境的影响。

有关黑色素的研究证实了黑色素在附着胞的形成与真菌致病性中的重要作用，还可吸收紫外线、结合金属离子、抗氧化、清除自由基等。但 Henson（1999）认为植物病原真菌（禾顶囊壳菌，*Gaeumannomyces graminis*）形成黑色素是为了保护组织对抗不良环境压力，甚至不直接与致病性相关。这说明菌纹线中的黑色素可以提高真菌抵抗不良环境的能力。

林木病理学中认为菌纹线是腐朽初期的病征，因为菌纹线的出现说明真菌已在木材上定殖成功并分泌黑色素、形成菌纹线保护自身，具有了相当的抗逆性，以便进行后期的降解活动，或还有从菌纹线蔓延至未被侵染的区域的能力。

若菌纹线的形成可增加其抗逆性，在花斑木培育完成后，需阻止真菌的腐朽时，干燥杀死真菌的效果会受到影响，应配合高温杀死真菌。

第5章

树种对花斑木木材材性的影响及红外光谱分析

5.1 树种对花斑木失重率和顺纹抗压强度的影响

选取 *Phomopsis* sp. J13-1 菌株接种到 4 种木材上，观察该菌种对木材失重率和木材顺纹抗压强度的影响。选择了云南省常见的思茅松（*Pinus kesiya*）、西南桤木（*Alnus nepalensis*）、西南桦木（*Betula alnoides*）、毛白杨（*Populus tomentosa*）四种木材用于培育，除思茅松为针叶材外，其余 3 种为阔叶材。

将 *Phomopsis* sp. 用液态 PDA 培养基在恒温振荡培养箱（26℃±2℃，中等转速）培养 4～6 天至形成团状菌丝体。木材制成 30mm×20mm×20mm 试样，置于 60℃鼓风干燥箱中烘干 48～60h 至恒重，先置于干燥室中放置冷却，后以千分之一电子天平称质量，装入培养瓶，在相应瓶盖上标注质量，每瓶加 15mL 水，于高压蒸汽灭菌锅中灭菌 30min；培养介质采用蛭石，加水至蛭石湿润而无多余水溢出，也置于高压蒸汽灭菌锅灭菌 30min。

在超净工作台上将装试样的瓶中多余的水倒出，再夹取菌丝体至试样上，以蛭石覆盖，盖紧培养瓶盖子，置于 26℃±2℃恒温培养箱中培养。4 周、6 周、8 周、10 周、12 周后分别取出 30 块试样，置于 60℃鼓风干燥箱中烘干 48～60h 至恒重，称质量。

对测定质量后的试样和未经处理的健康材，参照 GB/T 1935—2009《木材顺纹抗压强度试验方法》测定试样的顺纹抗压强度平均值。

从图 5-1 及图 5-2 可以看出，随着培育时间的延长，花斑木的失重率呈增加趋势，花斑木的顺纹抗压强度损失率也相应地增加。培育不同周数的 4 种木材的失重率平均值为 2.74%，失重率最大为 4.02%，顺纹抗压强度损失率均在 20% 以下。与国外研究报道数据相比，质量损失更小。培育时间越长，菌纹越多，深度越深，质量和顺纹抗压强度损失越大。4 种木材培育 8～12 周时菌纹深度为 0.3～0.8cm，培育 12 周深度均可达 0.8cm。其中毛白杨形成的菌纹明显多于其他树种，其失重率及强度损失率仅次于西南桤木。

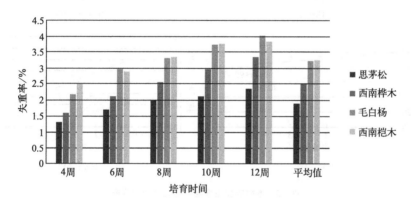

图 5-1　4 种木材失重率

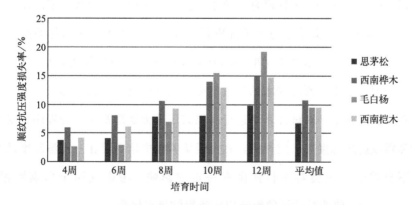

图 5-2　4 种木材顺纹抗压强度损失率

采用 SPSS18.0 软件分别对 4 种木材的失重率与抗压强度进行一元线性回归分析及检验，结果说明 4 种木材的失重率与顺纹抗压强度之间高度线性相关。回归方程如图 5-3 所示。

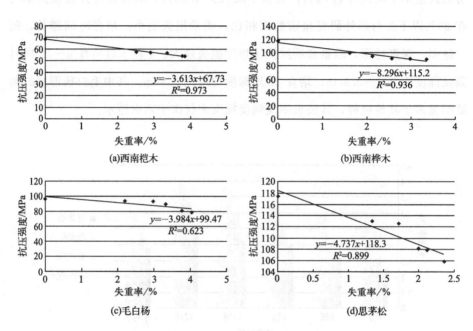

图 5-3　木材的失重率与抗压强度回归分析

以 *Phomopsis* sp. 菌株培育花斑木，在 6～12 周内可形成丰富的菌纹，深度达 0.3～0.8cm，失重率与顺纹抗压强度损失率都不大，对木材的加工利用影响不大。研究中，木材失重率和木材顺纹抗压强度高度相关，说明思茅松、毛白杨、西南桤木、西南桦木的失重率可反映顺纹抗压强度的损失。

在实验过程中，对试样木块进行高温高压灭菌处理及干燥等程序，对木块质量和顺纹抗压强度有一定影响，在恒温培养箱中培育时在一定温湿度及水分条件下自然老化也会对木材强度有一定的影响。考虑这两个影响因素后，*Phomopsis* sp. 菌株对试样的影响应比所得结果更轻微。

Phomopsis sp. 对试样的顺纹抗压强度影响轻微，可从以下原因分析：真

菌从表面侵染木块,在一定时间内仅仅改变了木块表面的成分,对未侵染的木块内部的结构无影响。

5.2 红外光谱分析花斑木化学成分的变化

研究通过偏光、荧光显微镜观察和红外光谱分析以菌种 *Phomopsis* sp. J9-1 人工培育 12 星期所得杨木(*Populus* sp.)、西南桤木(*Alnus nepalensis*)、西南桦木(*Betula alnoides*)、思茅松(*Pinus kesiya*)这 4 种木材的菌纹木,红外光谱分析发现 4 种菌纹木化学成分均有不同程度的变化:杨木和西南桤木中半纤维素、纤维素官能团有一定程度的降解,而木质素官能团均有不同程度的降解,杨木和思茅松菌纹木部分木质素骨架结构和侧链被降解,西南桤木和西南桦木菌纹木木质素仅侧链官能团被部分降解。以荧光和偏光显微镜观察不到明显腐朽现象,木材的基本解剖构造没有显著变化,因此能满足多种家居装饰、工艺品制作的要求。

5.2.1 方法

以 *Phomopsis* sp. J9-1 接种到 4 种木材(杨木、西南桤木、西南桦木、思茅松)上培养 12 周。选取培育 12 周的 4 种菌纹木及正常未处理材,在 105℃ 烘箱中烘干至恒重,刮取木块表面形成菌纹及明显变色的部分,分别放入玛瑙研钵内,加入烘干已经去除结晶水的溴化钾晶体适量,混匀后反复磨细成淀粉状,与溴化钾研磨压片,用红外光谱仪(Varian 1000 FT-IR,扫描范围 400~4000cm^{-1},次数 32,分辨率 0.09cm^{-1})得到红外光谱数据,采用 OriginPro 2018C 软件进行分析,通过非对称最小二乘平滑进行基线处理(不对称因子 0.9999,阈值 0.01,平滑因子 3,迭代次数 10),得到红外光谱图。

5.2.2　结果

图 5-4～图 5-7 为 4 种木材经接种 *Phomopsis* sp. J9-1 培养 12 周后的红外光谱图，根据光谱图作出如下分析。

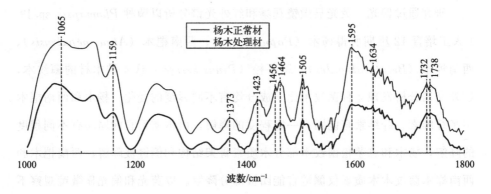

图 5-4　杨木接种 *Phomopsis* sp. J9-1 培养 12 周后的红外光谱图

由图 5-4 可以看出，杨木接种 J9-1 培养 12 周后与正常材相比[11-13]，表征半纤维素上的 C $=$ O 伸缩振动的吸收峰（1732cm^{-1}、1738cm^{-1}），表征纤维素上的 C—H 面内弯曲振动的吸收峰（1423cm^{-1}），表征纤维素、半纤维素上 C—H 伸缩振动的吸收峰（1373cm^{-1}）、醚键 C—O—C 伸缩振动的吸收峰（1159cm^{-1}），均无明显变化，表征纤维素、半纤维素上仲醇和脂肪醚中的 C—O 变形的吸收峰（1065cm^{-1}）变得不明显，表明纤维素、半纤维素有一定的降解。表征木质素苯环骨架伸缩振动的吸收峰（1505cm^{-1}）、表征木质素侧链上的羰基 C $=$ O 伸缩振动的吸收峰（1634cm^{-1}）和表征苯环骨架结构及 C $=$ O 伸缩振动的多重吸收带的吸收峰（1595cm^{-1} 及附近）有微弱的减小，表征木质素侧链上的 CH$_2$、CH$_3$ 不对称弯曲振动的吸收峰（1456cm^{-1}、1464cm^{-1}）变化不明显，表明木质素侧链和苯环骨架结构发生变化，木质素有一定的降解。

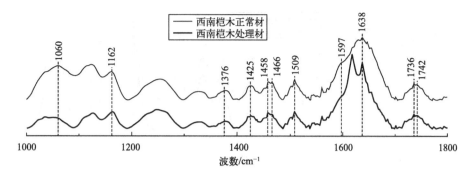

图 5-5　西南桤木接种 *Phomopsis* sp. J9-1 培养 12 周后的红外光谱图

由图 5-5 可以看出，西南桤木接种 J9-1 培养 12 周后与正常材相比[11-13]，表征半纤维素上的 C＝O 伸缩振动的吸收峰（1736cm⁻¹、1742cm⁻¹）、表征纤维素上的 C—H 面内弯曲振动的吸收峰（1425cm⁻¹）、表征纤维素及半纤维素上 C—H 伸缩振动的吸收峰（1376cm⁻¹）、醚键 C—O—C 伸缩振动的吸收峰（1162cm⁻¹）均无明显变化，表征纤维素、半纤维素仲醇和脂肪醚中的 C—O 变形的吸收峰（1060cm⁻¹）有所减弱，表明纤维素、半纤维素有所降解。表征木质素 C＝O 伸缩振动的对位取代共轭芳酮的吸收峰（1638cm⁻¹）有微弱减少，表征木质素苯环骨架伸缩振动的吸收峰（1506cm⁻¹）、表征苯环骨架结构及 C＝O 伸缩振动的多重吸收带的吸收峰（1597cm⁻¹及附近）、表征木质素侧链上的 CH₂、CH₃ 不对称弯曲振动的吸收峰（1458cm⁻¹、1466cm⁻¹）变化不明显，表明木质素侧链发生变化，苯环骨架结构变化不明显，木质素有轻微的降解。

由图 5-6 可以看出，西南桦木接种 J9-1 培养 12 周后与正常材相比[11-13]，表征半纤维素上的 C＝O 伸缩振动的吸收峰（1740cm⁻¹）、表征纤维素上的 C—H 面内弯曲振动的吸收峰（1425cm⁻¹），表征纤维素、半纤维素上 C—H 伸缩振动的吸收峰（1375cm⁻¹）、表征纤维素、半纤维素上 C—O—C 伸缩振动的吸收峰（1159cm⁻¹）以及仲醇和脂肪醚中的 C—O 变形的吸收峰（1068cm⁻¹）均无明显变化，表明纤维素、半纤维素含量变化不大。表征木质

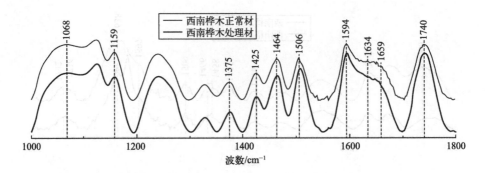

图 5-6　西南桦木接种 *Phomopsis* sp. J9-1 培养 12 周后的红外光谱图

素苯环骨架伸缩振动的吸收峰（1506cm⁻¹）、表征苯环骨架结构及 C═O 伸缩振动的多重吸收带的吸收峰（1594cm⁻¹），以及表征木质素侧链上的 CH₂、CH₃不对称弯曲振动的吸收峰（1464cm⁻¹）均无明显变化，表征木质素侧链上的羰基 C═O 伸缩振动的吸收峰（1634cm⁻¹）、表征木质素 C═O 对位取代共轭芳基酮的特征吸收峰（1659cm⁻¹）有微弱的减小，表明木质素苯环骨架无明显变化，侧链已部分被降解。

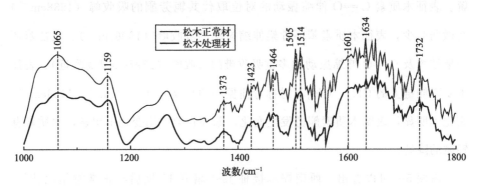

图 5-7　思茅松接种 *Phomopsis* sp. J9-1 培养 12 周后的红外光谱图

由图 5-7 可以看出，松木接种 J9-1 培养 12 周后与正常材相比[11-16]，表征纤维素与半纤维素上醚键 C—O—C 伸缩振动的吸收峰（1159cm⁻¹）、仲醇和脂肪醚中的 C—O 变形的吸收峰（1065cm⁻¹）、C—H 伸缩振动的吸收峰（1373cm⁻¹），表征半纤维素上的 C═O 伸缩振动的吸收峰（1732cm⁻¹及附近），表征纤维素上的 C—H 面内弯曲振动的吸收峰（1423cm^{-1}）均无明显变化，表明纤维素、半纤维素无明显变化。表征木质素侧链上的羰基 C＝O 伸缩振动的吸收峰（1634cm^{-1}及附近），表征苯环骨架结构及 C＝O 伸缩振动的多重吸收带的吸收峰（1601cm^{-1}及附近），表征木质素苯环骨架伸缩振动的吸收峰（1505cm^{-1}、1514cm^{-1}及附近），表征木质素侧链上的 CH$_2$、CH$_3$不对称弯曲振动的吸收峰（1464cm^{-1}及附近）有明显的减弱，表明木质素苯环骨架结构和侧链均有一定的降解。

5.2.3 结论

以 *Phomopsis* sp. J9-1 接种到 4 种木材上培育 12 周获得的菌纹木被降解的化学成分有差异。杨木和西南桤木半纤维素、纤维素中仲醇和脂肪醚类官能团有一定程度的降解，而西南桦木和松木半纤维素、纤维素无明显变化；木质素官能团均有不同程度的降解，杨木和松木菌纹木部分木质素骨架结构和侧链被降解，西南桤木和西南桦木菌纹木木质素仅侧链官能团被部分降解。*Phomopsis* sp. J9-1 在不同木材上降解程度的不同与树种有关：杨木和西南桤木是 4 种木材中材色较浅的两个树种，而西南桦木可能含苯酚类化合物而材色较深，苯酚类化合物对形成菌纹线的真菌有毒；针叶材中的木质素比阔叶材中的木质素含有较多的酚羟基，木质素中的自由酚羟基对真菌具有毒性，真菌 *Phomopsis* sp. J9-1 对松木的降解受到抑制，因此 *Phomopsis* sp. J9-1 对杨木和西南桤木菌纹木的半纤维素、纤维素、木质素都有降解，而对西南桦木和松木菌纹木仅对于木质素官能团有一定降解。

第 6 章

真菌色素的提取及彩色菌纹木的制备

6.1 真菌色素的应用概述

6.1.1 真菌色素的应用概况

目前使用的染料大多来自合成原料，例如，常用的铁红和威尼斯红颜料中含有氧化铁、氧化镉和氧化铜，最常见的黄色颜料铬酸铅和绿色颜料氧化铬，都含有上述元素。木工染色通常涉及木工苯胺染料或丙烯酸涂料，苯胺具有高毒性，也是致癌物之一，丙烯酸涂料是利用炼油厂得到的丙烯制备的丙烯树脂制造而来，加入其他的化学助剂，使用中也常涉及有毒的挥发性溶剂。

一些天然色素来自植物和昆虫等，其中有些染料可能会出现色牢度、黏附性、紫外线稳定性和毒性等问题，与合成染料相比竞争力不足。细菌和真菌色素是天然色素的另一种来源，与其他天然色素相比，它们具有生长快、易加工、不受气候条件影响等显著优点。除着色剂外，细菌和真菌色素还具有抗氧化、抗菌、抗癌等多种生物学特性，广泛应用于纺织工业，在木材工业上的应用多见于欧美国家，而国内少见。

由于对天然、有机产品需求的不断增长，以及全球天然着色剂市场的不断增长，真菌已被研究者视为各种化学颜料和着色剂的现成来源[23]。以真菌色素代替具有毒性或依赖化工原料的化学染料，符合绿色、环保的低碳生活要求，提高了木材的综合利用率和附加值。

在欧洲，花斑木曾经多用于镶嵌加工，直到工业革命到来，化学染料的成本效益超过了天然染料。木材工人向已经被真菌侵染的木材上添加丰富的蓝色、绿色、红色和黑色化工染料。有趣的是，在古老的镶嵌木工艺品中使用的真菌色素仍然没有褪色，而使用的合成颜料和其他天然色素则随着时间的推移而褪色[24]。由于真菌颜色的持久稳定性，花斑木制成的木材工艺品在欧美仍然很受欢迎。这些色素有可能作为太阳能电池的薄膜、涂料里面的染料添加剂以及防水的纺织染料。

国外学者筛选了一些可以为多种底物（包括木、竹和纺织品）染色的软腐子囊菌类，这些菌类产生的色素耐光、不褪色且紫外线稳定性好。

微生物色素是一种适用于纺织面料染色的环保型着色剂，许多微生物色素被用来给不同类型的织物染色。从细疣篮状菌（*Talaromyces verruculosus*）中提取的一种红色色素为棉织物提供了充足的色调，且没有任何细胞毒性作用。从 *Vibrio* spp. 中提取的灵杆菌素可以染羊毛、尼龙、腈纶和丝绸。用罗望子作为媒染剂（染色助剂），从黏质沙雷式菌（*Serratia marcescens*）中提取的色素可以染五种类型的织物，包括腈纶、聚酯超细纤维、聚酯、丝绸和棉织物。

微生物色素除了作为纺织业和木材工业着色剂外，还可以作为食用色素和新型药物使用。许多食用色素来自微生物源，例如很多红色色素来源于红曲霉（最常见的实例就是红曲米）。类胡萝卜素、黄酮类、醌类、靛蓝等色素已被报道为良好的抗菌药物。微生物色素也可能成为一种癌症治疗药物，如从红曲霉中提取的色素对不同的癌细胞具有明显的抗癌活性。

以真菌接种到木材上对木材进行染色，必须对培养时间和培养条件进行试验，因为真菌在受控、无菌的实验室条件下的反应与在非受控的环境下不同。

粉状苯胺染料在溶剂中水化或溶解只需要几分钟，而有的真菌色素则需要几个月，因此，还需要一些方法使真菌或真菌色素的应用能够与合成替代品竞争。

6.1.2 彩色花斑真菌的种类

彩色花斑真菌即能形成彩色花斑木的真菌，此处所指彩色花斑不包括黑色染色和黑色菌纹。

能够产生色素的真菌相对较少，多为子囊菌，除了长喙壳类真菌外，能产生比较具有穿透性色素的真菌是少数。真菌色素有很多种，其中最大的两类是类胡萝卜素（许多具有抗氧化性能）和醌类色素，其中萘醌类色素主要是由于真菌受到"胁迫"所产生的。许多真菌色素，特别是由曲霉菌和青霉菌类产生的萘醌类真菌色素含有真菌毒素。真菌色素中真菌毒素的存在，使得寻找合适的真菌来产生色素变得困难。

绿杯盘菌（*Chlorociboria* spp.）形成的蓝绿色色素叫盘菌木素（Xylindein），是一种醌类衍生物。欧洲文艺复兴时期大量的镶嵌画中使用的蓝绿色木材的颜色就是绿杯盘菌在木材上形成的，至今颜色仍然鲜艳。绿杯盘菌喜欢较高的含水率，菌丝通常为白色，在一定的生长条件下才会产生盘菌木素，色素形成于真菌菌丝中，经过一定的培养时间后可释放胞外色素渗透到培养基中。绿杯盘菌在普通真菌培养基上形成盘菌木素量小，而在麦芽糖琼脂培养基上添加某几种木屑则可迅速产生大量的盘菌木素。Tudor 等人在以麦芽糖琼脂为基础的培养基中分别加入糖枫、白杨、臭椿（Tree of heaven）和白杨菌纹木，制成不同木屑混合的培养皿，接种小孢绿杯盘菌（*Chlorociboria aeruginosum*），发现在麦芽糖琼脂与糖枫木屑和白杨木屑的混合中，生长和分泌效果最好。有些阔叶材，例如山毛榉（*Fagus* sp.）、桦木（*Betula* sp.）、枫树（*Acer* sp.）和橡树（*Quercus palustris*），这些木材的木屑与麦芽提取物培养基或和其他培养基混合时，也能够刺激 *Chlorociboria aeruginosum* 的大量繁殖和色素的产生[25]。

1995 年，Golinski 等人发现 *Arthrographis cuboidea* 真菌能产生一种粉红色色素，该色素含有抗真菌化合物，但未发现含有任何真菌毒素[26]。真菌

Scytalidium cuboideum 能产生独特的次生代谢物，即能产生一种叫作 Draconin Red 的红色色素，除了用作纺织染料和油漆着色剂外，它还可以附着在木材和竹子上。Draconin Red 与盘菌木素一样具有光稳定性好、溶解性差、生物黏附性好等特点。Robinson 等人将 *Arthrographis cuboidea* 接种到糖槭（Sugar maple）和其他几种木材上，能产生穿透性的红色色素[10]。暗孢节菱孢菌（*Arthrinium phaeospermum*）可以在侵染的木材上形成红色染色效果，色素为水溶性，经过红外和液相色谱分析，从提取的色素中分离鉴定出 35 种化合物[6]。

Scytalidium ganodermophthorum 是一种能产生黄色色素的真菌，在国外是生产真菌黄色色素的主要菌种。

近年来，Sarath 等人对 *Scytalidium cuboideum*、*Chlorociboria aeruginosa*、*Scytalidium ganodermophthorum* 和 *Chlorociboria aeruginascens* 等真菌的色素提取物的研究表明，它们对木材、竹材、纺织品等材料有较好的染色效果，但对其结合机制尚不清楚，从 *Scytalidium cuboideum*、*Chlorociboria aeruginosa*、*Scytalidium ganodermophthorum* 中提取的真菌色素，涂在木材的横截面上，色素通过木材的导管进行运输，附着在有空隙和接触空间的表面，这可能意味着在提取的色素与材料之间存在不同的化学和物理相互作用，这可以解释为什么这些颜料对紫外线有很高的耐受性并有较高的色牢度，以至于可以替代一些有害的合成颜料。

6.1.3 真菌色素的提取与木材染色

利用真菌色素对木材进行染色的方法主要有两种：真菌接种法和间接染色法。

真菌接种法是将能产生色素的真菌直接接种至木材上。由于影响真菌生长的因素多而且相互作用，探明色素形成的条件并控制条件困难。一些在木材上定殖的真菌能够在特定条件下产生色素，然而，这些色素渗透到木材表面以下的能力是变化的。木材中的色素渗透取决于许多因素，如含水率、真菌的消化能力、木材结构的渗透性、心材和边材之间的差异以及产生的色素类型。真菌色素通常有两种形式：一种是附着在真菌细胞壁内的色素，即胞内色素；另一种是在真菌细胞壁外释放的色素，即胞外色素。常见的产生胞内色素的真菌有长喙壳属真菌，其中蓝色染色是由黑色素沉积造成的。接种法培育真菌的时间很长，从菌种扩繁到接种培育，一般需要 3~6 个月。

间接染色法根据气压进行分类有两种：第一种是在正常的温度和大气压下利用玻璃器皿将提取出来的色素溶剂直接滴至木材表面；第二种是通过培育大量的真菌色素，用相关溶剂将色素提取出来，通过加压对木材进行处理。

真菌色素的提取技术至关重要。由于每种真菌色素的性质不一样，哪种溶剂适合提取真菌色素，以及不同的溶剂是否适用于干燥后的颜料的吸收，这些因素都是色素应用在染织业上必须考虑的。

张延威等人通过对紫拟青霉产生的紫红色色素进行提取，分别采用无水乙醇、乙醚、甲醇、丙酮四种溶剂对色素进行提取，菌丝分为新鲜菌丝和干燥菌丝，干燥菌丝分磨碎的和块状的。通过不同的辅助方式进行提取，结果表明，用无水乙醇直接浸提鲜菌丝，时间为 180min，效果最为明显，同时，菌丝破碎处理有利于色素的提取[27]。紫拟青霉产生的紫红色色素在正常的光照下比较稳定，在处理过程中长时间在阳光直射下对色素不利，这对紫拟青霉色素投入生产带来了较大的挑战，需进一步研究如何提高该色素的耐光色牢度问题。

Robinson 等人研究开发了一种从木材中提取真菌色素的方法，以可控的方式将其重新应用于木材中，并加速真菌染色过程[28]。该方法确立了二氯甲烷（DCM）是提取和携带颜料的最佳溶剂，将真菌色素引入木材的时间从几个月缩短到几个小时，可溶解的 DCM 颜料很容易渗透进木材，并在任何给定的木片的两端着色，但是，木材内部并没有留下任何颜色。一般来说，细胞外真菌色素比附着在细胞壁上的色素更能穿透木材，由于三种常见真菌 Chlorociboria、Scytalidium cuboideum 和 Scytalidium ganodermophthorum 在水中或乙醇中都不溶，在测试的溶剂中，DCM 被认为是最有效的载体。Robinson

用以上三种真菌提取的色素进行木材喷涂，采用 5.75 英寸❶可分散硼硅酸盐玻璃吸液管对几种不同木材涂上增溶颜料，使真菌色素染在木材上，发现色素在白杨木材上的染色效果优于其他树种，其内部颜色覆盖率可以达到 20%～30%，认为白杨是最适合真菌色素应用的木材品种[29]。这项新技术适用于表面着色，由于颜料与 DCM 的溶解度比木材大，因此颜料的结合只发生在 DCM 蒸发的地方，没有发生内部着色。DCM 或热氯仿等有机溶剂从有色培养基提取出来的色素毒性高，因此 DCM 作为溶剂仅限于少量使用。

Robinson 在之前的研究所测试的天然油中，发现亚麻籽油染料有很高的承载能力，而且相对来说是惰性的，当油在干燥后聚合时，染料的颜色保持稳定。亚麻籽油中携带的真菌色素具有广泛的应用。然而，工业上特别感兴趣的是将染料带入新的底物，如纺织品或涂料，这样染料就可以用作基本着色剂。染料可以成功地被携带和混合在一系列的天然油性溶剂中，虽然在亚麻籽油中可以携带较多的染料，但是 Robinson 研究发现在核桃油中 *Scytalidium ganodermophthorum* 染料的携带能力最好。Robinson 以 *Chlorociboria aeruginosa* 和 *Scytalidium cuboideum* 两种真菌为原料，用四种化学药剂（二氯甲烷、乙腈、甲醇、四氢呋喃）对两种真菌色素进行了提取，发现乙腈可以作为一个很好的溶剂载体。相关研究还发现色素可由丙酮、乙腈和四氢呋喃等少量携带，但由于这些溶剂携带染料的量不大，所以颜色会被稀释，色素在这些溶剂中的颜色也不稳定，染色效果与 DCM 相比还有差距[28]。

6.2　彩色花斑真菌的分离筛选

彩色花斑木较黑色花斑木不易找，所采集的 10 种彩色花斑木标本的信息如表 6-1 所示。

---

❶　英寸（in）：1in＝2.54cm。

表 6-1　标本编号及具体地址

编号	标本	颜色	采样地点
HHS-1	木块	鲜红色	昭通市彝良县小草坝景区
HHS-2	木块	蓝绿色	昭通市彝良县小草坝景区
QJ-1	木片	红褐色	普洱市宁洱县桉树林场
QJ-2	木块	蓝绿色	普洱市宁洱县桉树林场
LYG-1	真菌	蓝绿色	昆明市西山区筇竹寺
LYG-2	真菌	黄色	昆明市西山区筇竹寺
LYG-3	木块	棕褐色	楚雄市西山森林公园
LYG-4	木块	棕褐色	楚雄市西山森林公园
HQ	红曲米	暗红色	昆明市盘龙区综合市场
YX	干巴菌	紫红色	昆明市晋宁区

彩色花斑木标本用马铃薯葡萄糖琼脂（PDA）培养基进行分离纯化，菌种保存在冷藏冰箱。以 PDA 培养基扩繁菌种，每天观察菌株生长情况，如菌丝呈现白色则可适当延长培养时间，选出能够分泌明显色素的菌株。

通过形态与分子鉴定方法对有效菌株进行鉴定。10 株菌株通过培养 7 天后的生长情况如图 6-1 所示。

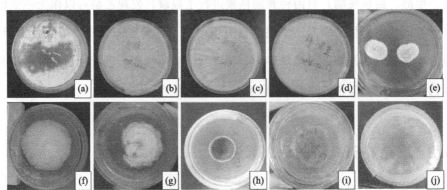

图 6-1　10 种菌株分离纯化后的生长情况

（a）菌株 HHS-1 菌落正面；（b）菌株 HHS-2 菌落背面；（c）菌株 QJ-1 菌落背面；
（d）菌株 QJ-2 菌落背面；（e）菌株 LYG-1 菌落正面；（f）菌株 LYG-2 菌落正面；
（g）菌株 LYG-3 菌落正面；（h）菌株 LYG-4 菌落背面；（i）菌株 HQ 菌落正面；
（j）菌株 YX 菌落背面

图 6-1 中，图（a）为 HHS-1 菌株，生长初期菌丝为白色，培育半个月左右菌丝开始分泌红色色素；图（b）、图（c）、图（d）三种菌株出现了明显的黄色，生长速度快，2～3 天即可长满培养皿，初步判断三种菌株是同一菌种，在实验过程中保留其中一个作为有效彩色菌株；图（e）、图（f）、图（g）都是白色菌落，经过 2 个月的保留观察发现，三种菌株的颜色都没有发生变化，没有产生有颜色的色素，因此这三株菌株均为无效彩色菌种；图（h）菌落颜色为棕褐色，菌丝的生长缓慢，作为棕褐色有效菌种；图（i）为紫红色菌落，颜色较深，作为紫红色有效菌种；图（j）出现明显的粉红色，色素主要沉积在菌丝根部，边缘浅黄色，作为粉红色有效菌种。

共筛选出 5 株有效彩色菌株，经鉴定为盘菌亚门 4 种、担子菌门 1 种，均属于不同的科属，所得菌株的分类地位、形态特征描述如下。

（1）菌株 HHS-1

鉴定结果：朱红栓菌（*Trametes cinnabarina*）。

分类地位：担子菌门（Basidiomycota）伞菌亚门（Agaricomycotina）伞菌纲（Agaricomycetes）多孔菌目（Polyporales）多孔菌科（Polyporaceae）栓菌属（*Trametes*）。

菌株 HHS-1 的形态特征如图 6-2 所示。野外采集的 HHS-1 菌株标本上具有橘红的色素沉积在木质部，色素呈粉末状，真菌子实体表面橘红色［图 6-2（a）］。在 PDA 培养基上生长 7 天，菌落直径约 3.5cm，生长缓慢；前 10 天菌落正面和背面均为白色，气生菌丝不发达，边缘不平整，毛毡状［图 6-2（d）、（e）］；15～20 天后菌丝开始分泌橘红色色素，色素由菌丝向培养基扩散，培养基呈浅棕色［图 6-2（b）、（c）］。

（2）菌株 QJ-1

鉴定结果：里氏木霉（*Trichoderma reesei*）。

图 6-2　*Trametes cinnabarina* HHS-1 菌落形态特征 ❶

分类地位：盘菌亚门（Pezizomycotina）粪壳菌纲（Sordariomycetes）肉座菌目（Hypocreales）肉座菌科（Hypocreaceae）木霉属（*Trichoderma*）。

菌株 QJ-1 形成菌落的形态特征如图 6-3 所示。野外采集的 QJ-1 菌株标本上呈咖啡色线条 [图 6-3 (a)]。在 PDA 培养基上生长 3 天，菌落铺满整皿，生长迅速；菌落正面为白色菌丝，气生菌丝发达，边缘平整，放射状 [图 6-3 (b)、(d)]；培养皿背面为黄色，色素分泌至培养基中 [图 6-3 (c)、(e)]。

（3）菌株 LYG-4

鉴定结果：*Penicillifer diparietisporus*。

分类地位：盘菌亚门（Laboulbeniomycetes）粪壳菌纲（Sordariomycetes）肉座菌目（Hypocreales）丛赤壳科（Nectriaceae），*Penicillifer* 属。

菌株 LYG-4 形成菌落的形态特征如图 6-4 所示。野外采集的 LYG-4 菌株标本上有棕褐色菌纹线，菌纹线分布在整根木块中，呈网格状 [图 6-4 (a)]。

---

❶ 图 6-2～图 6-6 中，分图 (a) ～ (e) 含义分别为：(a) 野外采集的菌株标本；(b) 保存菌株的菌落正面；(c) 保存菌株的菌落背面；(d) PDA 培养皿菌落正面；(e) PDA 培养皿菌落背面。

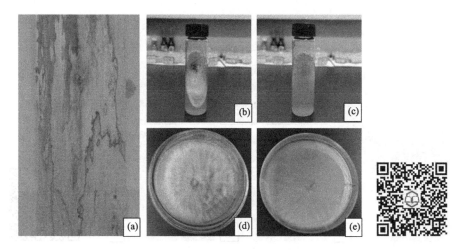

图 6-3 *Trichoderma reesei* QJ-1 菌落形态特征

该木材是壳斗科栎属木材，根据之前的研究，是容易形成菌纹线的木材之一。在 PDA 培养基上生长 7 天，菌落直径约 3.2cm，生长较慢；菌落正面菌丝为浅棕色，背面呈深棕色，色素由圆心向四周由深变浅；菌丝呈圆周状发散生长，气生菌丝不发达，毛毡状，边缘平整 [图 6-4 (d)、(e)]。培育 20 天左右，在螺口玻璃瓶中保存的真菌不仅在菌丝中产生色素，还开始向培养基中分泌色素，菌落颜色为棕褐色，培养基的颜色为深棕色，且均匀分布 [图 6-4 (b)、(c)]。

（4）菌株 HQ

鉴定结果：紫色红曲霉（*Monascus purpureus*）。

分类地位：盘菌亚门（Pezizomycotina）散囊菌纲（Eurotiomycetes）散囊菌目（Eurotiales）红曲科（Monascaceae）红曲属（*Monascus*）。

菌株 HQ 形成菌落的形态特征如图 6-5 所示。HQ 标本红曲米的颜色为紫红色 [图 6-5 (a)]。在 PDA 培养基上生长 7 天后，菌落直径 4cm 左右，背面和正面均为紫红色，色素在菌落中均匀分布，菌落边缘白色，气生菌丝不发达，边缘较平整 [图 6-5 (d)、(e)]；生长 15 天左右，色素扩散到培养基中 [图 6-5 (b)、(c)]。

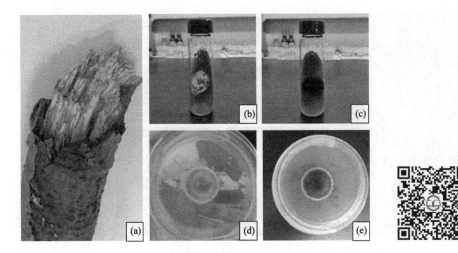

图 6-4　*Penicillifer diparietisporus* LYG-4 菌落形态特征

图 6-5　*Monascus purpureus* HQ 菌落形态特征

（5）菌株 YX

鉴定结果：禾谷镰刀菌（*Fusarium graminearum*）。

分类地位：盘菌亚门（Laboulbeniomycetes）粪壳菌纲（Sordariomycetes）肉座菌目（Hypocreales）丛赤壳科（Nectriaceae）镰刀菌属（*Fusarium*）。

菌株 YX 形成菌落的形态特征如图 6-6 所示。YX 菌株是从一朵干巴菌（一种云南野生食用担子菌）上分离得到 ［图 6-6 （a）］。菌株在 PDA 上生长 7 天，菌落直径达到 5cm，10 天左右菌落铺满全皿，气生菌丝发达；前期菌落表面为白色，7 天左右，菌落中间开始产生粉红色色素，在产生粉红色色素的同时菌落背面有部分开始变成浅黄色 ［图 6-6 （d）、（e）］；在螺口玻璃瓶中保存的菌株表面为棕黄色菌丝，培养基表面深红色菌落边缘色素沉积最明显 ［图 6-6 （b）、（c）］。

图 6-6　*Fusarium graminearum* YX 菌落形态特征

6.3　真菌色素产量的促进

通过在 3 种培养基中添加 4 种不同木粉对 5 种菌株进行培养，探索培养基种类、木粉添加及培养时间对真菌色素产量的影响。

3 种培养基分别为麦芽浸粉固体培养基、马铃薯葡萄糖固体培养基（即 PDA 培养基）、马铃薯葡萄糖液体培养基（PDB）。

4 种木材分别为西南桦木（*Betula alnoides*）、杨木（*Populus* sp.）、柚木

（*Tectona* sp.）、水青冈（*Fagus* sp.），粉碎过 30～40 目❶筛。设置 5 个重复。

培养基及 30～40 目木粉经蒸汽压力灭菌锅灭菌（120℃，30min），放入超净工作台进行紫外灯灭菌 10min。趁琼脂未固化，将三角瓶的培养基倒入培养皿中，木粉按比例倒入培养基中搅拌混匀，静置冷却，将 5 种菌株放入无菌操作室接种。

接种后，固体培养基置于恒温恒湿箱中进行培育（温度 26℃±2℃，相对湿度 65%），接种好的液体培养基置于摇床中进行培育（温度 27℃±2℃，转速 120r/min）。

结果发现培养基种类对真菌形成色素有一定影响（图 6-7）。

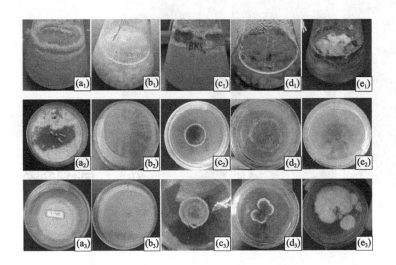

图 6-7　3 种培养基下 5 种菌株生长 10 天的情况

分图题（a_1）~（e_3）中，字母 a~e 下角位置数字 1 代表马铃薯葡萄糖液体培养基，2 代表麦芽糖固体培养基，3 代表马铃薯葡萄糖固体培养基；字母 a 代表朱红栓菌（*Trametes cinnabarina*），b 代表里氏木霉（*Trichoderma reesei*），c 代表（*Penicillifer diparietisporus*），d 代表紫色红曲霉（*Monascus purpureus*），e 代表禾谷镰刀菌（*Fusarium graminearum*）

在 PDB 培养基中，紫色红曲霉（HQ）、禾谷镰刀菌（YX）和里氏木霉

---

❶　目数为筛网中每英寸内孔的数目。

（QJ-1）的色素产量较高。5 天左右，液体中的菌丝体开始发生颜色变化；10 天左右，色素颜色达到最深；随着时间的延长，15 天左右，色素开始慢慢褪去。朱红栓菌（HHS-1）、*Penicillifer diparietisporus*（LYG-4）色素量极少。

在 PDA 培养基中，朱红栓菌（HHS-1）在 15 天左右开始形成色素，随着时间的延长，色素分泌增多；里氏木霉（QJ-1）在 5 天左右开始大量分泌色素，10 天左右菌落开始凋亡，色素渗透在培养基中；*Penicillifer diparietisporus*（LYG-4）生长开始即形成棕色色素，色素主要分布在菌丝上，菌落生长缓慢，一般生长至 4～5cm；紫色红曲霉（HQ）生长开始时菌丝即为红色，第 5 天开始色素向培养基中渗透，10 天左右色素量达到最大；禾谷镰刀菌（YX）在 5 天左右开始分泌色素，色素主要分布在菌落与培养基接触表面，时间越长，颜色越深。

菌株色素分泌性能较稳定的是里氏木霉和紫色红曲霉两个菌株，两者均适合三种培养基培育，都能分泌明显色素；从色素产量上分析，整体上液体培养基＞固体培养基；从固体培养基类型上分析，马铃薯葡萄糖固体培养基优于麦芽浸粉固体培养基（表 6-2）。

表 6-2 菌株在不同培养基中的颜色

培养基	朱红栓菌	里氏木霉	*Penicillifer diparietisporus*	紫色红曲霉	禾谷镰刀菌
PD	浅橘色	黄色	无色	深红色	紫红色
PDA	橘色	黄色	深棕褐色	砖红色	粉红色
麦芽浸粉固体培养基	无色	深黄色	棕褐色	深红色	无色

里氏木霉（QJ-1）在未添加木粉的三种培养基中均能产生大量色素，故主要观察朱红栓菌（HHS-1）、*Penicillifer diparietisporus*（LYG-4）、紫色红曲霉（HQ）、禾谷镰刀菌（YX）四株菌株。

朱红栓菌（HHS-1）菌株在木粉培养基中菌落直径比空白组大，其中柚木木粉效果最明显，西南桦木、水青冈、杨木三种木粉效果不明显（图 6-8）。

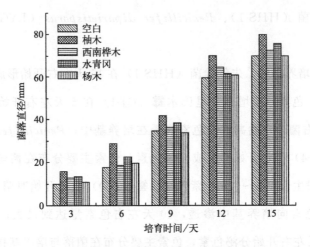

图 6-8　朱红栓菌在四种木粉培养基中的菌落直径

Penicillifer diparietisporus（LYG-4）菌株在四种木粉培养基中菌落直径均较空白组大，柚木木粉的效果最为明显，其次是西南桦木和水青冈（图 6-9）。

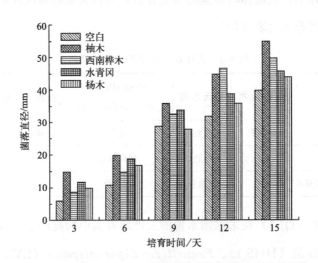

图 6-9　*Penicillifer diparietisporus* 在四种木粉培养基中的菌落直径

紫色红曲霉（HQ）菌株在木粉混合培养基中初期直径较空白组小，但 9
天以后杨木、柚木、水青冈木粉培养基的菌落直径超过空白组，但西南桦木木
粉培养基中的菌落直径小于空白组（图 6-10）。

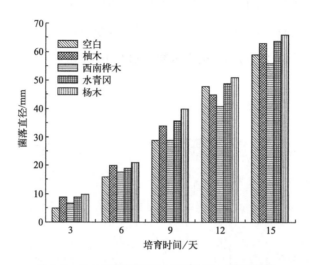

图 6-10 紫色红曲霉在四种木粉培养基中的菌落直径

禾谷镰刀菌（YX）在木粉混合培养基中 9 天左右生长直径被空白组超过，
在 12 天左右木粉培养基中菌落直径再次大于空白组（图 6-11）。

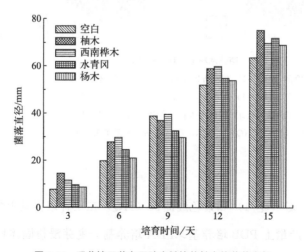

图 6-11 禾谷镰刀菌在四种木粉培养基中的菌落直径

　　培养基中添加木粉有助于菌株的生长，但是对色素的形成影响各异。在四种木粉培养基中，只有朱红栓菌和紫色红曲霉产生色素，其他菌株均无色素产生。朱红栓菌（HHS-1）在水青冈木粉培养基中生长15天开始产生橘红色色素，仅有少量色素分布在菌落表面［图6-12（b）］，促进效果不明显；紫色红曲霉（HQ）在杨木木粉中生长7天左右开始大量分泌色素，并向培养基中大量分布扩散［图6-12（c）］，杨木木粉添加在PDA培养基中促进了紫色红曲霉分泌色素。

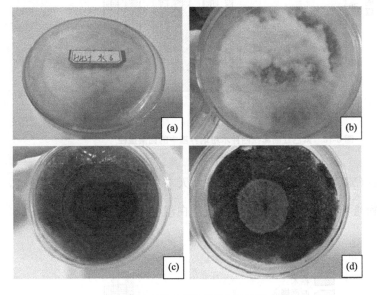

图6-12　菌株木粉培养基中的色素
（a）朱红栓菌（HHS-1）在水青冈木粉培养基中的菌落背面图；
（b）朱红栓菌（HHS-1）在水青冈木粉培养基中的菌落正面图；
（c）紫色红曲霉（HQ）在杨木木粉培养基中的菌落背面图；
（d）紫色红曲霉（HQ）在杨木木粉培养基中的菌落正面图

　　小结如下。

　　① 里氏木霉（QJ-1）和紫色红曲霉（HQ）在三种培养基上均能稳定地产生色素，色素产量上PDB培养基＞PDA培养基＞麦芽浸粉固体培养基。

② 里氏木霉（QJ-1）、紫色红曲霉（HQ）、禾谷镰刀菌（YX）在 PDB 培养基中色素产量高；朱红栓菌（HHS-1）和 *Penicillifer diparietisporus*（LYG-4）两株菌株在 PDB 培养基中色素产量小。

③ 培养基中添加木粉有助于菌株生长，但色素形成则因菌种和木粉材种而异。柚木木粉的添加使朱红栓菌和 *Penicillifer diparietisporus*（LYG-4）菌落直径增大，杨木木粉则使紫色红曲霉菌落增大，杨木和西南桦木木粉均使禾谷镰刀菌（YX）菌落直径增大。杨木木粉添加在 PDA 培养基中促进了紫色红曲霉分泌色素。

6.4 真菌色素提取及染色

选取色素产量最高的三种菌株，即里氏木霉（QJ-1）、紫色红曲霉（HQ）、禾谷镰刀菌（YX）进行色素提取预实验，发现紫色红曲霉（HQ）色素的提取效果较差，因此主要以里氏木霉（QJ-1）、紫色红曲霉（HQ）两种菌株进行试验，扩繁培养基选择 PD 和 PDA 培养基。

6.4.1 真菌色素分布

对 PDB 培养基扩繁的真菌进行色素分布位置观察。挑取少量菌丝，放置在载玻片上，滴一滴过滤水，用盖玻片封住，置于尼康生物数码显微镜下观察。

里氏木霉菌（QJ-1）的真菌色素主要分布于菌丝周围，菌丝中几乎没有色素；禾谷镰刀菌（YX）的色素既分布于菌丝内，也分布于菌丝周围（图 6-13）。

6.4.2 真菌色素提取

取 PDB 培养基中的菌丝体放入培养皿，挑取 PDA 培养基中出现色素部分放入培养皿，在鼓风干燥箱中以 60℃±2℃ 干燥至绝干，研磨成粉末。每种粉末称取 0.4g，分别放入螺口玻璃瓶，加入 4mL 溶剂，溶剂包括乙醇、二氯甲烷、甲醇，并放入超声波仪器中促进色素溶解。

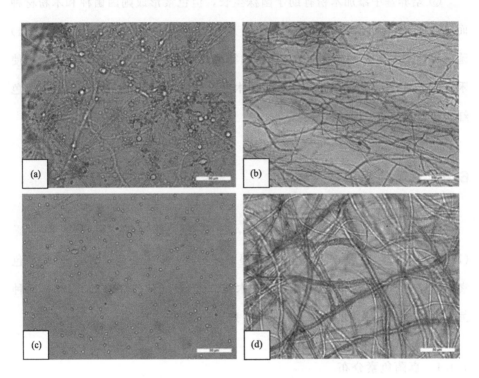

图 6-13　两种菌株的色素分布位置

图（a）、（c）均为里氏木霉（QJ-1）真菌色素位置分布微观图；

图（b）、（d）均为禾谷镰刀菌（YX）真菌色素位置分布微观图

　　液体培养基制成的粉末比固体培养基制成的粉末更容易碾磨成细粉末（图 6-14）。

　　三种溶剂均能提取两种菌株色素，从 PDB 培养基提取的色素滤液比 PDA 培养基提取的色素滤液颜色更深，从二氯甲烷（DCM）提取的滤液颜色最深（图 6-15）。

图 6-14　两种菌株在不同培养基中的真菌粉末

（a）液体培养基 QJ-1、YX 真菌粉末；（b）固体培养基 QJ-1、YX 真菌粉末

图 6-15　两种菌株在三种溶剂中的色素提取液

（a）液体-QJ-1、液体-YX、固体-YX、固体-QJ-1真菌乙醇溶剂提取液；

（b）液体-QJ-1、液体-YX、固体-YX、固体-QJ-1真菌甲醇溶剂提取液；

（c）液体-QJ-1、液体-YX、固体-YX、固体-QJ-1真菌二氯甲烷（DCM）溶剂提取液

6.4.3　木材染色效果与耐光性分析

准备 2cm×2cm×2cm 的杨木木块，表面用砂光机进行砂光后将表面的木屑擦拭干净。将色素滤液分别在横切面上滴 10 滴对杨木进行染色，发现以 DCM 提取的色素染色效果较好，从 PDB 培养基提取色素染色效果比 PDA 培养基好（图 6-16）。

DCM 之所以能够迅速地穿过细胞，原因之一是它在细胞壁中的扩散。液体可以通过两种主要机制通过木材：毛细管作用和扩散。毛细管作用利用细胞内腔空间和气孔，扩散利用细胞壁物质。木材解剖结构可以显著影响毛细作

用，一旦流动建立，很容易堵塞管腔和孔隙。另一种机制，扩散主要是由化学势驱动的，而不是由木材的解剖变化所阻止的。与水相比，DCM 在通过木材时具有相当大的化学势，因为它易挥发、具有低沸点和主要浓度梯度，并且是一种极性非质子溶剂，与水这样的极性质子溶剂相比，它与纤维素的相互作用更小。

图 6-16　色素提取液颜色及染色木块

图（a）、（b）、（c）分别为乙醇、甲醇、二氯甲烷对应的液体-QJ-1、液体-YX、

固体-YX、固体-QJ-1 真菌色素提取液；图中 A~F 为提取液对应的染色木块

染色后样品置于实验室内，每天用色差仪进行测量。借助 SC-80C 全自动色差计，以国际照明委员会（CIE）的 $L^*a^*b^*$ 均匀色度学空间表色系统度量材色变化，以明度 L^*、红绿轴色品指数 a^* 和黄蓝轴色品指数 b^* 评价木材颜色变化，计算方法如下。

红绿指数：　　　　　　　$\Delta a^* = a^* - a_0^*$

黄蓝指数：　　　　　　　$\Delta b^* = b^* - b_0^*$

明度指数：　　　　　　　$\Delta L^* = L^* - L_0^*$

色差：　　　　$\Delta E^* = [(\Delta L^*)^2 + (\Delta a^*)^2 + (\Delta b^*)^2]^{1/2}$

式中，a_0^* 为光照前红绿指数；b_0^* 为光照前黄蓝指数；L_0^* 为光照前明度指数。

每个试样测 5 个点，取平均值作为测量值。

测量发现，染色的木块经过正常室内光线照射后，有褪色的现象。光照后

木材的明度 L^* 值下降，即木材材色向黑暗方向偏移，三种溶剂条件下受影响最大的是甲醇溶剂提取液染色的木材；表征红绿色的 a^* 值增加明显，与光照前木材相比，木材材色向红色偏移；光照对 b^* 影响较小，表征黄蓝色的 b^* 值也有所增加，木材材色向黄色偏移。总体而言，光照对木块材色影响最大的是用甲醇提取液染色的木材，这组木材的 L^* 值、a^* 值、b^* 值相比其他两组的值变化最大，ΔE^* 色差值也是最大（表 6-3）。

表 6-3　光照前后材色的变化

溶剂	木材	材色									
		L^*		ΔL^*	a^*		Δa^*	b^*		Δb^*	ΔE^*
		$L^*_前$	$L^*_后$		$L^*_前$	$L^*_后$		$L^*_前$	$L^*_后$		
EtOH	液体-QJ-1（A）	73.0	73.5	−0.5	5.6	7.0	1.4	36.6	37.7	1.1	1.7
	液体-YX（B）	51.1	51.2	−0.1	27.3	27.6	0.3	20.4	20.9	0.5	0.2
	固体-QJ-1（D）	71.5	72.9	−1.4	9.7	10.7	1.0	27.2	29.1	1.9	2.8
	固体-YX（C）	71.9	74.6	−2.7	5.8	6.2	0.4	28.4	28.6	0.2	3.7
CH₃OH	液体-QJ-1（E）	72.9	75.9	−3.0	5	5.5	0.5	26.6	26.9	0.3	4.7
	液体-YX（F）	62.4	66.7	−4.3	17.8	20.8	3.0	24.2	25.2	1.0	14.2
	固体-QJ-1（G）	55.2	59.0	−3.8	17.1	18.8	1.7	17.4	20.3	2.9	12.9
	固体-YX（H）	70.0	73.4	−3.4	6.2	8.4	2.2	37.1	40.8	3.7	15.0
DCM	液体-QJ-1（I）	71.3	73.2	−1.9	6.1	7.2	1.1	45.2	47.6	2.4	5.3
	液体-YX（J）	47.2	47.3	−0.1	28.4	29.8	1.4	24.1	24.5	0.4	1.1
	固体-QJ-1（K）	66.4	67.5	−1.1	9.1	9.4	0.3	29.8	30.0	0.2	0.7
	固体-YX（L）	70.3	73.3	3.0	3.3	3.9	0.6	35.5	36.7	1.2	5.4

结果表明，甲醇提取液染色的木材耐光性差；光照对乙醇、二氯甲烷提取液染色的木材材色影响较小，色差不大，但是增加光照时间，色差也会明显增加。综合以上可得三种提取液染色的耐光性比较：二氯甲烷＞乙醇＞甲醇。

6.4.4　白木香菌纹木染色

白木香菌纹木具有黑色菌纹，菌纹将木块划分成不规则区域，菌纹本身是天然的阻止水分子等分子渗透的"围墙",因此将抽提得到的色素滤液滴入白木香菌纹圈内,可得到色素不会溢出菌纹圈外的效果(图6-17)。

　　色素在杨木横切面仅需10滴就能快速上色,但色素在白木香横切面需要更大的量才能有明显的上色,这可能是由白木香密度小、材质疏松、孔隙率大造成的。杨木的木纤维、导管等结构比较密集,导致色素滤液不易穿透木材。

图6-17　白木香菌纹木染色样品

6.4.5　小结

　　① 里氏木霉(*Trichoderma reesei*)QJ-1、禾谷镰刀菌(*Fusarium graminearum*)YX的色素有两种存在形式:一种是伴随真菌自身在木材内部的生长,附着在真菌细胞壁内(胞内色素);另一种是在细胞外分泌色素(胞外色素)。

　　② 三种溶剂都能提取出真菌色素,提取效果从易到难依次为:二氯甲烷>

乙醇＞甲醇。液体培养基培育出来的真菌比固体培养基培育出来的真菌更容易提取色素。

③ 从染色效果来看，二氯甲烷的染色效果最佳，液体培养基色素提取液的染色效果明显优于固体培养基的。

④ 光照对染色木块均有一定影响，三者耐光性强弱：二氯甲烷＞乙醇＞甲醇。

6.5 白木香浸渍工艺

白木香木材容易产生黑色菌纹，但是白木香木材在自然条件下形成菌纹时易发生蓝变和严重腐朽，且白木香材质轻软，密度 $0.35g/cm^3$ 左右，若要将其制备成工艺品，需要对其进行浸渍加固和防腐处理。

通过空细胞法（Lowry 法）和满细胞法分别进行白木香的浸渍加固，观察不同的时间下白木香的增重率（WPG），以达到加固木材、提高木材尺寸稳定性的目的，为后续制备彩色菌纹木工艺品奠定基础，解决白木香菌纹木腐朽的缺陷，从而提高菌纹木的利用率。

材料：白木香 7 年树龄原木一根，采自于西南林业大学温室，自然气干，用锯机将试样锯成规格为 $2cm \times 1.5cm \times 2cm$（$T \times R \times L$）规则的小木块，准备 160 块备用，在锯解时去除节子及创伤部位。

试验药品及仪器：木材稳定剂、木材稳定剂催化剂、锡箔纸、保鲜膜、滤纸、GZX-9240MBE 数显鼓风干燥箱、循环水式多用途真空泵、无油空气压缩机、木工精准台锯、抛光机、电子天平等。

在木材稳定剂中加入木材稳定剂催化剂，按照前后者 100mL：0.1g 的比例配好并搅拌均匀。取适量配制好的溶液放入烘箱烘干，分别记录下 90℃、100℃、110℃、120℃、130℃下木材稳定剂的固化时间。通过试验，挑选出木材稳定剂固化的最优温度，作为后续浸渍工艺研究中的实验温度。

稳定剂固化温度与时间测试表明：木材稳定剂固化时间随着温度的升高而减少，若温度过高，在干燥过程中易使木材炭化；温度低则木材稳定剂固化时间过长，经济效益过低，如图 6-18 所示。因此选择木材稳定剂的固化温度为 100℃、固化时间为 6h 的条件为最佳工艺。

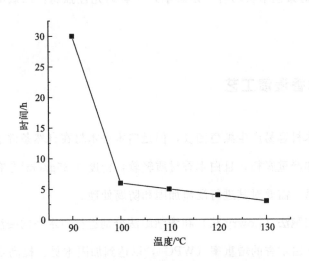

图 6-18　木材稳定剂固化温度与固化时间的关系

6.5.1　满细胞法（充胞法）

满细胞法的工艺路线如图 6-19 所示，处理过程中主要分三个阶段：抽真空、加压和反抽。预实验表明反抽阶段对实验影响较小，故设定实验反抽时间为 20min，实验过程中主要分析抽真空和加压两个因素对实验的影响。

增重率按式（6-1）计算：

$$\text{WPG} = \frac{G_1 - G_0}{G_0} \times 100\%$$ （6-1）

式中　G_1——处理材的质量；

　　　G_0——未处理材的质量。

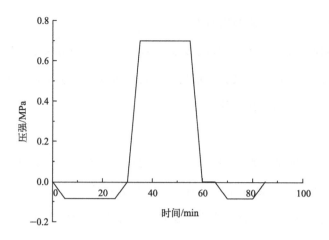

图 6-19 满细胞法工艺路线图

（1）满细胞法具体实验步骤

① 获取抽真空时间与木材稳定剂浸渍量（以增重率表征）的关系。

控制加压时间，改变抽真空时间。设定加压时间为 20min，依次改变抽真空时间为 20min、40min、60min、80min，每组实验设置 10 个重复，即共准备 40 个小木块。

按照图 6-19 工艺路线进行操作：

将白木香小木块分别编号，放入电子天平中测量，记录下白木香质量 G_0。

第一阶段：抽真空。将小木块放入至盛有木材稳定液的大烧杯中，将烧杯放入真空泵抽真空，达到稳定真空度（0.085MPa），维持 20min 以后，取出白木香木块。

第二阶段：加压。将烧杯放入真空泵，用无油空气压缩机进行加压，达到稳定压强（0.7MPa），维持 20min 以后，取出白木香木块。

第三阶段：反抽。将烧杯放回真空泵进行反抽，达到稳定真空度（0.085MPa），维持 20min 以后，取出白木香。

用锡纸包裹住白木香木块表面，放入烘箱进行干燥，干燥后打磨掉表面残留的浸渍液，记录下木块的质量 G_1。

按照同样的试验方法，依次改变抽真空时间为 40min、60min、80min，其他处理条件不变，进行试验。最后计算每组试样的增重率并求出平均值，分析出在同一加压时间下最佳的抽真空时间。

② 获取加压时间与木材稳定剂浸渍量的关系。

控制抽真空时间，改变加压时间。试验具体方法与①相同，进行四组试验，真空时间固定为 20min，加压时间依次为 20min、40min、60min、80min，同样记录下实验过程中白木香质量的变化，分析出在同一抽真空时间下最佳的加压时间。

（2）满细胞法实验结果

① 加压时间与木材稳定剂浸渍量的关系如下。

从图 6-20 中 A 折线可得：固定抽真空时间 20min，随着加压时间的延长，白木香增重率升高。当加压时间为 20min 时，增重率最低，达到 160.73％；加压时间为 80min 时，增重率最高，达到 223.84％。在加压时间为 40～60min 这个阶段，白木香增重率呈直线增长，60min 后增长趋缓。

② 抽真空时间与木材稳定剂浸渍量的关系如下。

从图 6-20 中 B 折线可得：固定浸渍压力时间（即加压时间）20min，改变抽真空时间为 20min、40min、60min、80min，随着抽真空时间的增长，白木香增重率升高。抽真空时间为 20min 时，增重率为 164.5％；抽真空时间为 80min 时，增重率为 214.98％。抽真空时间为 20～60min 时，增重率变化最为明显，在 60min 后增重率几乎不变。

综合上述分析可得，采用满细胞法对白木香木块进行加固的增重率太高，一般为 160％～220％，而且随着加压时间和抽真空时间的延长，白木香增重率有明显上升，这可能是由白木香较轻软，材质疏松导致。

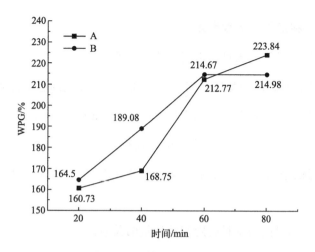

图 6-20　真空、加压时间与木材稳定剂浸渍量的关系

6.5.2　空细胞法（Lowry法）

空细胞法的工艺路线如图 6-21 所示。处理过程中主要分两个阶段：加压和反抽。实验过程中主要分析加压时间和反抽时间两个因素。

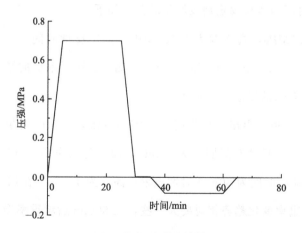

图 6-21　空细胞法工艺路线图

（1）空细胞法具体实验步骤

① 获取加压时间与木材稳定剂浸渍量的关系。

控制反抽时间，改变加压时间。具体试验操作和满细胞法类似，设定反抽时间为 30min，依次改变加压时间为 20min、40min、60min、80min，进行四组试验，每组取 10 个白木香试样，试验过程中记录下 G_0 和 G_1 的值。通过计算出每组试样的增重率并求出平均值，分析出在同一反抽时间下最佳的加压时间。

② 获取反抽时间与木材稳定剂浸渍量的关系。

控制加压时间，改变反抽时间。具体试验操作步骤同①，设定加压时间为 20min，依次改变真空反抽时间为 10min、20min、30min、40min，进行四组试验，每组取 10 个白木香试样，试验过程中记录下 G_0 和 G_1 的值。通过计算出每组试样的增重率并求出平均值，分析出在同一加压时间下最佳的反抽时间。

（2）空细胞法加固结果

① 加压时间与木材稳定剂浸渍量的关系如下。

压力为 0.7MPa，真空度为 0.085MPa。固定反抽时间为 30min，改变加压时间为 20min、40min、60min、80min，测定浸渍后木材的增重率，本实验的目的是寻找合适的浸渍压力时间。

根据图 6-22 可以得出在反抽时间固定的时候，加压时间越长，白木香的浸渍增重率越高。反抽时间固定为 30min，加压时间为 20min 时增重率最低，为 118%；而加压时间为 80min 时增重率最高，为 160%。在加压时间为 40～60min 时，增重率变化趋势相对要大一些，在 60min 后增重率慢慢趋于稳定。

② 反抽时间与木材稳定剂浸渍量的关系如下。

根据上述实验得出，浸渍压力时间为 20min，改变反抽时间为 10min、20min、30min、40min，测定浸渍木材稳定液后木材的增重率。

从图 6-23 中可以看出在加压时间固定的时候，反抽时间越长，白木香的浸渍增重率越低。加压时间固定为 20min，反抽时间为 40min 时，增重率最低，为 118％；反抽时间为 10min 时增重率最高，为 125％。而且反抽时间为 30～40min 时，变化幅度在 1％左右，逐渐趋于 0。

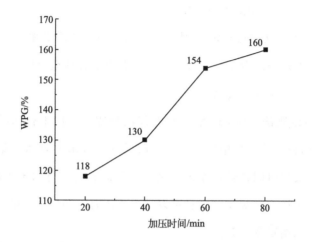

图 6-22　加压时间与木材稳定剂浸渍量的关系

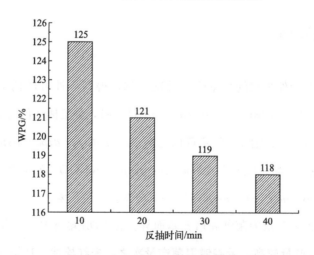

图 6-23　反抽时间与木材稳定剂浸渍量的关系

综合上述两组实验的结果可得出：用空细胞法（Lowry 法）进行浸渍加固（加压时间固定为 20min）后的白木香增重率在 118％～125％，而且随着加压时间的减少和反抽时间的增加，白木香的增重率还可以进一步降低。

6.5.3　小结

① 通过实验发现在白木香的浸渍工艺研究中，浸渍液木材稳定剂的最佳固化温度为 100℃，固化时间为 6h。

② 采用满细胞法进行浸渍加固时，白木香的浸渍增重率普遍高于 160%，因此满细胞法不是很适合于白木香的浸渍，此方法容易造成白木香中浸入的浸渍液剂量过大，实验成本过高。

③ 采用空细胞法（Lowry 法）进行浸渍加固时，白木香的浸渍增重率为 118% 左右，而在实验过程中发现，加压时间为 20min 时增重率最低，而且在同一条件下，反抽时间越长，增重率越低。因此若要进行白木香的浸渍加固，可以选用空细胞法（Lowry 法）且可以减少加压时间和增加反抽时间来降低浸渍液浸入导致的增重率上升。

6.6　本章小结

① 通过对野外采集的标本进行分离筛选，得到 5 株可产色素的菌株，经鉴定为：朱红栓菌（*Trametes cinnabarina*）HHS-1，分泌橘红色色素；里氏木霉（*Trichoderma reesei*）QJ-1，分泌黄色色素；*Penicillifer diparietisporus* LYG-4，分泌棕褐色色素；紫色红曲霉（*Monascus purpureus*）HQ，分泌紫红色色素；禾谷镰刀菌（*Fusarium graminearum*）YX，分泌深红色色素。

② 真菌色素产量因菌种和培养基而异。在 PDB 培养基中，里氏木霉、紫色红曲霉色素产量较高，禾谷镰刀菌产量次之，朱红栓菌、*Penicillifer diparietisporus* 色素产量极低。在 PDA 培养基和麦芽浸粉培养基中，色素产量按菌种排序为：里氏木霉＞紫色红曲霉＞*Penicillifer diparietisporus*＞禾谷镰刀菌＞朱红栓菌。四种菌株在麦芽浸粉固体培养基中的色素产量最少。在

PDA 培养基中添加木粉，有延长菌落生长时间和增加生长直径的效果，总体生长增效按木粉类型排序为柚木＞杨木＞水青冈＞西南桦木，其中朱红栓菌和 *Penicillifer diparietisporus* 在柚木木粉＋PDA 培养基中生长增效最好，紫色红曲霉在杨木＋PDA 培养基中生长增效最好。色素产量与 PDA 中添加的木粉种类和菌种有关，紫色红曲霉在杨木木粉培养基中产生大量红色色素，朱红栓菌在水青冈木粉培养基中产生少量橘红色色素，禾谷镰刀菌和 *Penicillifer diparietisporus* 未形成色素。

菌株色素分泌时间因菌种和培养基而异。PDB 培养基中，里氏木霉和紫色红曲霉在生长 5～10 天时分泌色素最多，15 天以后，色素开始慢慢褪去。在 PDA 培养基中，朱红栓菌在生长 15～25 天时分泌色素最多；里氏木霉在生长 3～5 天时分泌色素最多；*Penicillifer diparietisporus* 的生长缓慢，色素分泌伴随菌株生长过程，20 天左右色素分泌量较大；紫色红曲霉在生长 5～10 天时色素产量达到最大；禾谷镰刀菌在生长 5～10 天时分泌量大。

③ 禾谷镰刀菌和里氏木霉菌丝中真菌色素包含胞内色素和胞外色素。色素提取受到培养基类型、提取溶剂、提取方式的影响。PDB 培养基培育出来的真菌色素更容易提取；三种溶剂按提取效果排序为二氯甲烷＞乙醇＞甲醇；色素提取方式按提取效果排序为超声波＞磁力搅拌器＞浸渍提取。

色素染色效果受培养基、溶剂、材种的影响。PDB 培养基色素提取液的染色效果明显优于 PDA 培养基；提取溶剂按效果排序为二氯甲烷＞乙醇＞甲醇；杨木染色效果优于白木香。

④ 木材染色耐光性与提取溶剂有关，按耐光性强至弱为二氯甲烷＞乙醇＞甲醇。

⑤ 木材稳定剂的最佳固化温度和时间分别为 100℃和 6h；通过采用满细胞法和空细胞法对白木香进行浸渍处理，得出浸渍加固后增重率分别为 160%～220%和 118%～160%，最终确定白木香的浸渍工艺条件为压强 0.7MPa 下加压 20min、真空度 0.085MPa 下反抽 40min。

第 7 章

花斑木作品

菌纹木是花斑木的一类。以自然条件下形成的菌纹木制作了 6 件花斑木作品。

7.1 菌纹木桌上插屏

菌纹木桌上小插屏《远山近水》，似溪水流淌，也似大江翻滚，两面的花纹相似但不相同，都具有观赏性（图 7-1）。

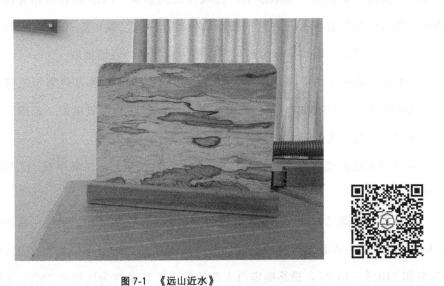

图 7-1 《远山近水》

这块菌纹木有两种颜色的菌纹——墨绿色的和棕色的菌纹，有轻微的白腐迹象。用墨绿色彩色铅笔加深了偏墨绿色的菌纹，构成江水中的小岛屿、岸边的石块与远处的山林；用浅黄色彩色铅笔加深白腐周边的浅黄色木材，增加水流的动感。棕色菌纹中的白腐好比云彩被阳光镶上金边。

7.2　菌纹木挂画

一些花斑木菌纹本身十分丰富，可以不加修饰，装上画框就可以成为挂画，但自然采集的菌纹木尺寸较小，通过拼接可以得到特别的图案。

《云彩翻涌》：天空中自由自在的云，让人联想到自然的神奇（图7-2）。

《猫脸》：像眯着眼睛的猫凑近来要吃的，也像一个人在天空下走向开阔的远处（图7-3）。

《见仁见智》：似龙头，也似甲虫，又似或坐或立的佛像，随视线的移动、视野中心的变化，可触发观画者丰富的想象力（图7-4）。

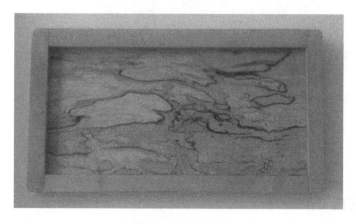

图7-2　《云彩翻涌》

图 7-3　菌纹木挂画《猫脸》

图 7-4　《见仁见智》

7.3　菌纹木花瓶

　　如图 7-5 所示，木材上的菌纹呈黄褐色，且较为粗大，形态舒展，在木材中划分出不规则区域。通过木旋车床旋切木材，得到立体曲面，比起二维的剖面更能展示出菌纹自然伸展的形态，犹如大理石的花纹，有自然天成的意趣。

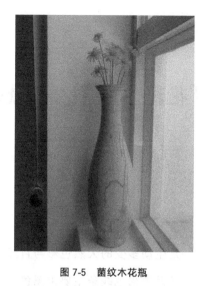

图 7-5　菌纹木花瓶

7.4　菌纹木剑

菌纹形态沿着木材的纵向延伸，狭长的木料以细木工带锯锯成剑身，以手锯锯出剑柄，剑柄和剑身上有自然延伸的菌纹（图 7-6）。

图 7-6　菌纹木剑

第 8 章

关于心材型花斑木的科学设想

———————

真菌形成的花斑木的优点：一是生动多变的天然色彩与自然花纹，避免了使用污染环境的化工颜料；二是黑色及黑褐色线条主要由黑色素构成，化学性质稳定，经久不变。其缺点是在花斑木的形成过程中有明显的白腐，特别是菌纹量大的花斑木时常伴随腐朽现象，腐朽严重者需经过加固处理后才能用于工艺品、家具等制造。另外，真菌形成的花斑木中菌纹一般较细，所围成的菌纹圈也小，在木材的边材上形成。

目前花斑木形成机理以真菌感染形成为基础，研究集中在树种的优选、真菌菌种筛选和组合、染色方法、灭菌条件和花斑木真菌形成机理等方面。但一些树种能够在心材部位形成粗大的圈状花纹，且贯穿整个树干，表面无腐朽迹象（图 8-1、图 8-2）。经切片观察，在褐色斑纹周围未发现真菌的存在（图 8-3）；经初步调查，同一材种同批次木材，有的没有形成花斑，有的形成了花斑。因此关于这类无真菌、无腐朽迹象、菌纹粗大的心材花斑木是如何形成的，目前国内外均未见相关理论的提出和研究报道。

根据心材型花斑木是在树木生长过程中在心材部位形成、无腐朽迹象、无真菌及贯穿树干的特征，原有真菌花斑木理论无法解释这类心材型花斑木的形成机理，因此提出"细菌诱导花斑木"的理论假说，即心材型花斑木是由细菌引起的：细菌从断枝或其他伤口进入树干的边材，边材薄壁细胞分泌黑色素或其他颜色的色素物质从而把细菌感染部位围圈起来形成花斑木,随着时间的推移,边材部分转变成心材。

图 8-1 黑柿木 (*Diospyros* sp.) 前后两面的黑色粗大斑纹圈

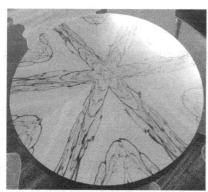

图 8-2 用黑柿木 (*Diospyros* sp.) 制作的家具

细菌在高湿环境下也可作用于木材,有关细菌在木材中的存在和腐朽有如下相关研究报道。只有少数放线菌类(Actinomycetales)、杆菌(*Bacillus*)、假单胞菌(*Pseudomonas*)及产气杆菌(*Aerobacter*)会使木材腐朽,最常被报道的细菌属于 *Bacillus* 和 *Pseudomonas* 两属[30]。细菌可从活立木的伤口侵入树干形成高湿木(wetwood),细菌腐朽也存于几乎缺氧状况下的木材,缺氧状况包括长埋在土里、长时间置于水中及长期处于高湿状态。细菌破坏木材

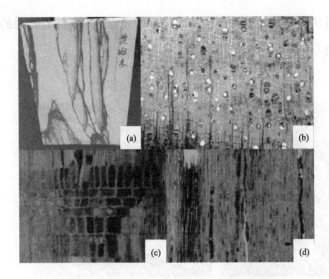

图 8-3　黑柿木（*Diospyros sp.*）样品和解剖图

（a）宏观样品；（b）横切面；（c）径切面；（d）弦切面

的程度及速度，远不如虫害及真菌腐朽那么严重。Wilcox 的综述中指出，所有的研究都同意细菌先在木射线组织繁殖并破坏细胞壁和纹孔结构，然后再腐蚀阔叶材纤维细胞壁[31]；Holt 和 Jones 把欧洲赤松（*Pine sylvestris*）和山毛榉（*Fagus sylvatica*）样品埋在湖泊及河流淤泥中长达 1.5 年，埋入淤泥 3 个月后样品感染多种细菌，以杆状菌为主[32]。Schmidt 和 Liese 试图用 66 种细菌逐个腐蚀欧洲赤松和山毛榉切片，并没有发生任何腐蚀的迹象[33]。Schmidt 等用分离的菌种，在试验室进行试验 6 个月，却未发现有腐朽的现象，空穴式及钻隧式腐朽要到 12 个月后才发生[34]。细菌所分泌腐蚀细胞的酶不能扩散到远处，细菌须紧贴才能分解细胞壁里的纤维素和半纤维素，因此细菌腐朽过程很缓慢。相关研究表明细菌腐朽以三种方式进行，即表面腐蚀式（erosion）、空穴式（cavitation）及钻隧式（tunneling）[35,36]。

参考文献

［1］Robinson S C, Michaelsen H, Robinson J C. Spalted wood: the history, science, and art of a unique material［M］. Schiffer publishing Ltd, 2016.

［2］Morris H, Smith K T, Robinson S C, et al. The dark side of fungal competition and resource capture in wood: Zone line spalting from science to application［J］. J Materials & Design, 2021, 201: 1-14.

［3］何海珊, 伍建榕, 邱坚, 等. 花斑木菌种筛选［J］. 林业科学, 2014, 50（5）: 118-122.

［4］He H, Gan C, Kuo M, et al. Producing Spalted Alder Wood in Yunnan, China［J］. Forest Products Journal, 2019, 69（4）: 283-288.

［5］邱坚, 李智, 贾慧文, 等. 花斑木形成机制的研究动态［J］. 西南林业大学学报（自然科学）, 2021, 41（3）: 1-8.

［6］宋太泽. 木材花斑真菌筛选及色素研究［D］. 南宁: 广西大学, 2020.

［7］Campbell A H. Zone lines in plant tissues I. The black lines formed by *Xylaria polymorpha* (pers.) grev. in hardwoods［J］. Annals of Applied Biology, 1933, 20（1）: 23-45.

［8］Phillips L W. The nature of spalted wood: analysis of zone line formation between six white rot fungi［D］. Provo, UT; Brigham Young University, 1987.

［9］Liers C, Ullrich R, Steffen K T, et al. Mineralization of ^{14}C-labelled synthetic lignin and extracellular enzyme activities of the wood-colonizing ascomycetes *Xylaria hypoxylon* and *Xylaria polymorpha*［J］. Applied Microbiology and Biotechnology, 2006, 69（5）: 573-579.

［10］Robinson S C, Richter D L, Laks P E. Colonization of sugar maple by spalting fungi［J］. Forest Products Journal, 2007, 57（4）: 24-32.

［11］Robinson S C, Laks P E. Wood species and culture age affect zone line production of *Xylaria polymorpha*［J］. Open Mycology Research, 2010, 4（1）: 18-21.

［12］Robinson S C, Tudor D, Cooper P A. Wood preference of spalting fungi in urban hardwood species［J］. International Biodeterioration & Biodegradation, 2011, 65（8）: 1145-1149.

［13］Robinson S C, Laks P E. Wood species affects laboratory colonization rates of *Chlorociboria* sp. [J]. International Biodeterioration & Biodegradation, 2010, 64 (4): 305-308.

[14] Tudor D, Robinson S C, Cooper P A. The influence of moisture content variation on fungal pigment formation in spalted wood [J]. Amb Express, 2012, 2 (1): 69.

[15] Tudor D, Robinson S C, Cooper P A. The influence of pH on pigment formation by lignicolous fungi [J]. International Biodeterioration & Biodegradation, 2013, 80 (3): 22-28.

[16] 杨忠,任海青,江泽慧. 生物腐朽对湿地松木材力学性质影响的研究 [J]. 北京林业大学学报, 2010, 03 (1): 46-49.

[17] 池玉杰. 东北林区 64 种木材腐朽菌木材分解能力的研究 [J]. 林业科学, 2001, 05 (1): 7-12.

[18] Robinson S C, Laks P E, Richter D L, et al. Evaluating loss of machinability in spalted sugar maple [J]. Forest Products Journal, 2007, 57 (4): 33-37.

[19] Robinson S C, Richter D L, Laks P E. Effects of substrate on laboratory spalting of sugar maple [J]. Holzforschung, 2009, 63 (4): 491-495.

[20] Robinson S C, Laks P E. The effects of copper in large-scale single-fungus and dual-fungi wood systems [J]. Forest Products Journal, 2010, 60 (6): 490-495.

[21] Robinson S C, Laks P E, Turnquist E J. A Method for Digital Color Analysis of Spalted Wood Using Scion Image Software [J]. Materials, 2009, 2 (1): 62-75.

[22] 周仲铭. 林木病理学 [M]. 北京：中国林业出版社, 1990.

[23] Caro Y, Venkatachalam M, Lebeau J, et al. Pigments and colorants from filamentous fungi [J]. Fungal Metabolites, 2015, 1-70.

[24] Gutierrez P V, Robinson S. Determining the Presence of Spalted Wood in Spanish Marquetry Woodworks of the 1500s through the 1800s [J]. Coatings, 2017, 7 (11).

[25] Tudor D, Margaritescu S, Sanchez-ramirez S, et al. Morphological and molecular characterization of the two known North American Chlorociboria species and their anamorphs [J]. Fungal Biology, 2014, 118 (8): 732-742.

[26] Golinski P, Krick T P, Blanchette R A, et al. Chemical characterization of a red pigment (5, 8-dihydroxy-2, 7-dimethoxy-1, 4-naphthalenedione) produced by Arthrographis cuboidea in pink stained wood [J]. Holzforschung-International Journal of the Biology, Chemistry, Physics and Technology of Wood, 1995, 49 (5): 407-410.

［27］张延威，韩燕峰，刘讯，等. 紫拟青霉色素的提取［J］. 西南农业学报，2014，27（1）：459-461.

［28］Robinson S C, Hinsch E, Weber G, et al. Method of extraction and resolubilisation of pigments from Chlorociboria aeruginosa and Scytalidium cuboideum, two prolific spalting fungi［J］. Coloration Technology, 2014, 130（3）: 221-225.

［29］Robinson S C, Weber G, Hinsch E, et al. Utilizing extracted fungal pigments for wood spalting: A comparison of induced fungal pigmentation to fungal dyeing［J］. Journal of Coatings, 2014（1）: 1-8.

［30］Zabel R A, Morrell J J. Wood Microbiology: Decay and Its Prevention［M］. New York: Harcourt Brace Jovanovich, Academic Press, Inc. , 1992.

［31］Wilcox W W. Anatomical changes in wood cell walls attacked by fungi and bacteria［J］. Botanical Review, 1970, 36（1）: 1-28.

［32］Holt D M, Jones E B. Bacterial degradation of lignified wood cell walls in anaerobic aquatic habitats［J］. Environ Microbiol, 1983, 46（3）: 722-7.

［33］Schmidt O, Liese W. Bacterial decomposition of woody cell walls［J］. International J of Wood Preserv, 1982, 2（1）: 3-9.

［34］Schmidt O, Nagashima Y, Liese W, et al. Bacterial Wood Degradation Studies under Laboratory Conditions and in Lakes［J］. Holzforschung, 2009, 41（3）: 137-40.

［35］Blanchette R A. A review of microbial deterioration found in archaeological wood from different environments［J］. International Biodeterioration & Biodegradation, 2000, 46: 189-204.

［36］Singh. A P. A review of microbial decay types found in wooden objects of cultural heritage recovered from buried and waterlogged environments［J］. Journal of Cultural Heritage, 2012, 13（3）: 16-20.

参 考 文 献